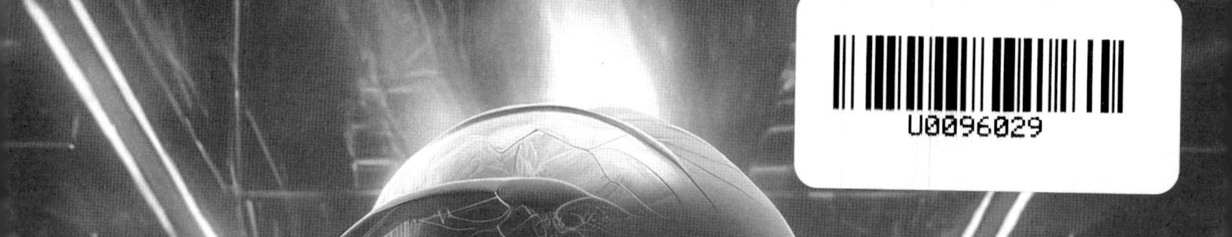

穿戴式裝置

引領人類走向元宇宙的智慧技術

Kevin Chen 著

從智慧手錶到元宇宙，揭開穿戴式技術的未來趨勢與無限潛力

- 探討穿戴式技術從誕生到現在的演進，並預測未來的技術發展方向，展示該領域的潛力
- 介紹如何利用這些裝置進行健康監控、運動追蹤及數據分析，改善個人健康和運動表現
- 分析穿戴技術如何改變工作效率、學習模式，以及如何爲企業和教育帶來新的機遇與挑戰
- 探討穿戴式裝置在日常生活中的安全性風險，並提供防範隱私洩漏與數據安全的解決方案
- 分析穿戴式裝置未來可能的應用場景與商業機會，並探討這些技術在消費者生活中的影響

本書如有破損或裝訂錯誤，請寄回本公司更換

作　　者：Kevin Chen
編　　輯：林楷倫

董 事 長：曾梓翔
總 編 輯：陳錦輝

出　　版：博碩文化股份有限公司
地　　址：221 新北市汐止區新台五路一段 112 號 10 樓 A 棟
電話 (02) 2696-2869　傳真 (02) 2696-2867

發　　行：博碩文化股份有限公司
郵撥帳號：17484299　戶名：博碩文化股份有限公司
博碩網站：http://www.drmaster.com.tw
讀者服務信箱：dr26962869@gmail.com
訂購服務專線：(02) 2696-2869 分機 238、519
（週一至週五 09:30 ～ 12:00；13:30 ～ 17:00）

版　　次：2024 年 8 月初版一刷

建議零售價：新台幣 450 元
I S B N：978-626-333-954-5
律師顧問：鳴權法律事務所 陳曉鳴律師

國家圖書館出版品預行編目資料

穿戴式裝置：引領人類走向元宇宙的智慧技術 / Kevin Chen 著 . -- 初版 . -- 新北市：博碩文化股份有限公司 , 2024.08
面；　公分

ISBN 978-626-333-954-5(平裝)

1.CST: 數位產品 2.CST: 人工智慧
3.CST: 資訊技術 4.CST: 技術發展

484.6　　113012210

Printed in Taiwan

博碩粉絲團

商標聲明

本書中所引用之商標、產品名稱分屬各公司所有，本書引用純屬介紹之用，並無任何侵害之意。

有限擔保責任聲明

雖然作者與出版社已全力編輯與製作本書，唯不擔保本書及其所附媒體無任何瑕疵；亦不為使用本書而引起之衍生利益損失或意外損毀之損失擔保責任。即使本公司先前已被告知前述損毀之發生。本公司依本書所負之責任，僅限於台端對本書所付之實際價款。

著作權聲明

前言

PREFACE

可穿戴式裝置行業自2012年由Google眼鏡引爆之後，整個領域發展至今尚處於初級階段的探索期，無論是硬體本身、系統平台、商業模式，還是生態圈。而縱觀整個行業，我們可以預期，相對比較成熟的商業模式將最先出現在可穿戴醫療領域，其次應該是與大數據結合的廣告行業、運動健康、旅遊業、遊戲行業等。

在當前不斷出現新概念的科技熱潮下，可穿戴式裝置產業並沒有被足夠重視，當然這其中的一部分原因在於很多人對於可穿戴式裝置的認識不夠準確。可以說，不論是數位孿生地球，還是當前火熱的元宇宙時代，本質上都是藉助於智慧穿戴實現對物理實體的數位化，從而構建一個物理實體世界與數位孿生世界之間形成互聯互通互動的新形態。不過在當前我們將這種新的未來形態稱為元宇宙，其實在2012年，在當時我們對這種未來的預見，基於當時技術與文化的認知下，我們稱這種未來新形態為智慧穿戴時代。

未來會不會在出現新的名詞來取代智慧穿戴時代，取代當前的元宇宙時代呢？這顯然是不用懷疑，隨著技術的進一步發展，以及文化的不斷更新，我們會找到更適合技術趨勢下的表達方式來定義未來的這些虛擬與現實疊加的新形態。但不論未來以什麼樣的概念來表達，歸根結底都離不開最基礎、最關鍵的可穿戴式裝置產業。只有當包括人在內的萬物都藉助於可穿戴式裝置實現智慧化、數位化、孿生化之後，一個虛擬與現實疊加的新形態時代就會真正到來。

因此，對於可穿戴式裝置產業而言，聚焦自身產業的發展就是聚焦未來的核心競爭力。在商業方面，可穿戴式裝置領域當前已經出現的商業模式，還是以直接的純硬體銷售為主，軟體平台為輔的模式，比如各類智慧手錶、手環、虛擬實境設備等。而在可穿戴醫療領域，已經出現了可穿戴式裝置與保險公司、醫療機構、資料分析公司合作的商業模式，這些也是目前整個智慧穿戴行業內比較典型的幾種商業模式。

而在廣告、旅遊、電子商務等其他行業領域，目前都還沒有形成比較成熟的商業模式，最根本的原因是當下可穿戴式裝置的整個生態圈還未搭建完善，尤其是資料的監測、分析、回饋等還遠未達到商業化應用的標準。但是，我們可以基於現今智慧技術以及行業發展趨勢上，對未來這些領域內的商業模式做一個前瞻性的預測，而這一部分將在本書占比較大的篇幅。

根據 IDC 發佈的《全球可穿戴式裝置市場季度追蹤報告》，2023 年三季度全球可穿戴出貨量 1.5 億台，年增長率為 2.6%。儘管增長較為溫和，這依然為 2021 年以來三季度最高出貨量。

中國市場方面，根據 IDC 發佈的《中國可穿戴式裝置市場季度追蹤報告》顯示，2023 年第三季度中國可穿戴式裝置市場出貨量為 3,470 萬台，年增長率為 7.5%，整體市場持續增長。其中，智慧手錶市場出貨量 1,140 萬台，年增長率為 5.5%。其中成人智慧手錶 559 萬台，年增長率為 3.9%；兒童智慧手錶出貨量 580 萬台，年增長率為 7.2%。手環市場出貨量 398 萬台，年增長率為 2.2%。耳戴設備市場出貨量 1,924 萬台，年增長率為 9.8%。

要知道，這些報告其實都還只是整個可穿戴式裝置產業的冰山一角，因為當前的可穿戴市場更多地還是以智慧手錶、智慧手環和智慧耳機為主。但這顯然還未完全開發可穿戴式裝置的潛力。

從根本上來看，可穿戴式裝置就是感測器穿戴，而智慧手錶、智慧手環、智慧眼鏡、智慧戒指、智慧衣服等都只是可穿戴式裝置領域發展初期的產品形態。未來，隨著新型感測器的不斷出現，多樣化的形態才是可穿戴式裝置發展的大趨勢。一些可穿戴式裝置甚至能毫無察覺地完全融合進用戶的身體，自然而然地成為人體的一部分。

具體來看，從與人體的接觸層面進行劃分，可穿戴式裝置可以分為體表外與體表內，也就是穿戴在人體皮膚外的穿戴式產品，以及植入人體內的植入式穿戴式裝置。

體表外的可穿戴式裝置是我們面前比較熟悉的產品，主要就是智慧手錶、智慧手環等，但智慧手錶、手環類產品並不代表可穿戴式裝置的全部，只是可穿戴式裝置在體表外的一種表現形式。就整個人體可穿戴式裝置產業層面來看，智慧手錶、手環儘管起步較早，但市場容量可以說是整個可穿戴式裝置產業中相對較小的一個模組；可以說還未發力的智慧眼鏡、智慧服飾、智慧鞋子、智慧飾品、智慧內衣等體表外可穿戴式裝置中的任一產品形態，其市場空間都比智慧手錶、手環要大得多。

如果我們假設未來，智慧眼鏡的市場容量與智慧手環、手錶類產品一樣大；假設智慧鞋子的市場是智慧手錶、手環的 3 倍；假設智慧服飾的市場也是智慧手錶、手環的 3 倍；假設智慧飾品的市場和智慧手錶、手環一樣大，先不計算人體植入式的可穿戴式裝置，也不計醫療類的可穿戴式裝置，不計未來智慧型手機將成為可穿戴手機的市場，以及智慧內衣等，這樣的數字都是一個龐大到恐怖的結果。可以說可穿戴式裝置的市場容量遠超出我們當前的理解。

本書將結合可穿戴式裝置的全球發展趨勢，從宏觀、微觀、具體案例，以及未來預測等視角，對可穿戴式裝置領域的商業模式做一個系統的分析和探索，以幫助想要進入這個領域的傳統企業、創業者以及對該領域有興趣的人士更精準地切入這個行業，使投入的資本更有效地獲得回報。當然，由於自身水準、時間所限，並沒有全面地與大家探討關於可穿戴式裝置的全部商業模式，只是選擇了其中的一部分。

可穿戴的未來不容小覷，可以說遠遠不是我們今天停留在智慧手錶、智慧手環這樣的認識，它是數位孿生地球，是元宇宙實現的核心載體。現在，就從本書開始，讓我們真正瞭解一下可穿戴式裝置，及其真正的價值。

目錄

CONTENTS

Chapter 0 導言 由智慧技術主導的未來經濟

PART 1 可穿戴，從未來走來

Chapter 1 認識可穿戴式裝置

Chapter 2 可穿戴產品

Chapter 3 可穿戴的未來

PART 2 可穿戴商業模式面面觀

Chapter 4 硬體及衍生品銷售

Chapter 5 大數據服務

Chapter 6 系統平台及應用開發

Chapter 7 多種模式疊加

PART 3 認識可穿戴式裝置

Chapter 8 可穿戴 + 醫療

Chapter 11 可穿戴 + 遊戲

Chapter 12 可穿戴 + 運動

Chapter 13 可穿戴 + 廣告

Chapter 14 可穿戴 + 家具

Chapter 15 可穿戴 + 公共管理

CHAPTER

導言 由智慧技術主導的未來經濟

「我們正身處一場技術革命的開端⋯⋯人們假定將來的技術和今天的一樣。但他們還不曉得，技術正在我們周圍爆發起來，每件事都將變得不一樣了。」

——李・斯爾佛（Lee Silver）美國普林斯頓大學生物系教授

近 70 年，全世界經歷了一場前所未見的資訊技術革命，把工業時代的經濟，驟然推移至以網路為平台的全球化新經濟。而近 20 年間的科技發明和創新，更超過之前二三百年的總和。這場像海嘯一樣的技術革命已排山倒海而來，正以迅雷不及掩耳之勢顛覆人們的生活方式和習慣。

具體來看，回望過去的二三十年，我們會發現資訊網路科技和生物科技正在悄悄起著變化，甚至將發起一場革命。身處其中的我們被推著不斷往前行，生活在潛移默化中發生著天翻地覆的變化，這是一場關乎我們每個人的革命，帶來的影響不僅存在於當下，更影響著我們未來世代的經濟、健康與生活。

智慧型手機時代，改變了我們的社交、購物、閱讀、工作、生活等各個方面的習慣，令我們完成一件事情的效率大幅提高。目前，智慧型手機已不再只是一個通訊工具，它早已演變成我們的生活中心、娛樂中心、購物中心⋯⋯而今天，在即將到來可穿戴時代，當前的智慧型手機形態還將會逐漸被替換，在智慧型手機已經構築的生態圈基礎上，可穿戴式裝置將進一步瓦解原有的生活方式，推動整個人類進入真正的大智慧時代。

與智慧型手機不同，可穿戴式裝置將完全解放我們的雙手，人機對話模式也將逐漸過渡到語音交互，甚至是潛意識的腦波交互。如果說當前的智慧型手機「綁架」了我們，讓我們的生活圍繞著智慧型手機展開；那麼可穿戴式裝置則是讓我們從資訊的「黑洞」中解放出來，讓一切的資訊化、資料化藉助於更為先進的通訊技術圍繞著我們人類，為我們服務。不久的將來，你貼身的可穿戴式裝置不但會成為你的生活助理，甚至還可能成為你的私家看護，監察你的心臟與血壓，在緊急狀況下為你聯繫醫生。

未來，技術革命將逐漸由智慧型手機時代跨向可穿戴式裝置時代，資訊的搜集與呈現將依託於一個與人體密切相關的智慧終端機設備。它們會以自然的方式融入人體，介入生活，並且建造生活。未來的經濟發展也將因可穿戴式裝置呈現全新的格局，當經濟的中心——人被全然「綁架」的時候，經濟必然面臨一場全新的革命與洗禮，不同的是，這場革命將由以可穿戴式裝置為核心的智慧技術主導。

可以預期，在智慧可穿戴時代，整個生活的價值體系、治理體系、商業體系、經濟體系都將會發生根本性的變化。那麼，可穿戴的時代會是一個怎麼樣的時代呢？在我第一次出版這本書的時候是在 2016 年，那個時候還沒有數位孿生的概念，更沒有元宇宙的概念。在那個歷史階段，我們將這種由智慧終端機，將萬物智慧穿戴化所形成的時代叫智慧穿戴時代。

但在當下，我們可以更清晰的，以當下的詞彙來表達智慧穿戴時代的時候，它就是我們當下所討論與理解的元宇宙時代，數位孿生時代。但當下的這種討論與定義依然存在著比較大的局限性，這只是我們當下的技術、文化與認知環境下對未來的一種概念表述。當我們真正進入智慧穿戴時代，真正進入元宇宙時代之後，這些概念一定會被之後那個時代的技術、文化與認知所修正。那麼，在我們可預期的未來，我們可以在當下做一些展望。

0.1 智慧未來的八大趨勢

我們面對的未來將是一個智慧的未來，這些智慧不僅僅是今天所談論的智慧產品、智慧家電、自動駕駛等概念，也不僅僅是當前所討論的 ChatGPT 等人工智慧的應用概念，而是一個由智慧終端機，也就是智慧可穿戴式裝置所構建的一個互聯互通互動的時代。因此，若我們能高瞻遠矚，掌握這些科技趨勢，不但可看透未來，甚至能提前為自己建造一段美好的未來生活。

個人電腦在 1970 年面世後，經過短短 40 年的發展，攜同網際網路和生物基因工程，再次掀起全球第二次技術革命。而隨著電腦運算能力的進一步提升，尤其是 NVIDIA GPU 的出現，大幅改善了電腦的運算能力，讓人工智慧的訓練獲得了空前的提升，也就促成了 ChatGPT 這類生成式大型語言模型（LLM）成為了可能。可以說，當前的人工智慧正在給人類社會帶來了新一輪的變革，很顯然，當然的這種基於人工智慧技術驅動的變革，將比之前網際網路、生物基因等技術所引發的變革影響更深遠。比如，AI 藥物研發公司 Insilico Medicine，藉助於 AI 技術，將傳統新藥研發需 10 年週期的時間，縮短到了 18 個月。這就是當 AI 與生物、化學相結合，擦出的火花所創造的奇跡，就是由 AI 所促成新一輪的技術革命。我們深信人類社會將邁進一個由智慧技術主導經濟活動及社會發展的未來時代，我們可稱其為「智慧未來」(Smart Future)，或者說元宇宙時代，它具有以下八大特色：

1. 移動經濟

根據 GSMA 智庫在 2023 年所發佈的《2023 年全球移動經濟發展》報告來看，報告顯示，截至 2022 年底，全球獨立的行動用戶數為 54 億，其中行動網際網路用戶數為 44 億。行動網際網路用戶使用鴻溝（Usage Gap）在過去五年中顯著縮小，平均從 2017 年的 50% 下降到 2022 年的 41%。但依然還存在著兩方面的問題，一方面是不同國家與用戶之間使用行動網際網路的差距仍然很大，另外一方面則是終端智慧化與行動化還有很大的提升空間。

從報告中可以看出，基於目前還沒有全面普及的智慧穿戴產業上，或者說基於目前的通訊移動設備基礎上，2022 年，移動技術和服務創造了全球 GDP 的 5%，貢獻了 5.2 萬億美元的經濟附加值，並在更廣泛的移動生態系統內中支援了 2800 萬個工作崗位。報告預測，到 2030 年，全球獨立移動用戶數將增至 63 億，行動網際網路用戶數達到 55 億，屆時全球 4G 連接數將從 2022 年的占比 60% 降至 36%，5G 連接數則將從 2022 年的占比 12% 增至 54%，授權蜂窩物聯網連接數將從 2022 年的 25 億增至 53 億。並且，行動行業對全球 GDP 的貢獻價值將從 2022 年的 5.2 萬億美元到 2030 年增至超 6 萬億美元。（圖 0-1）

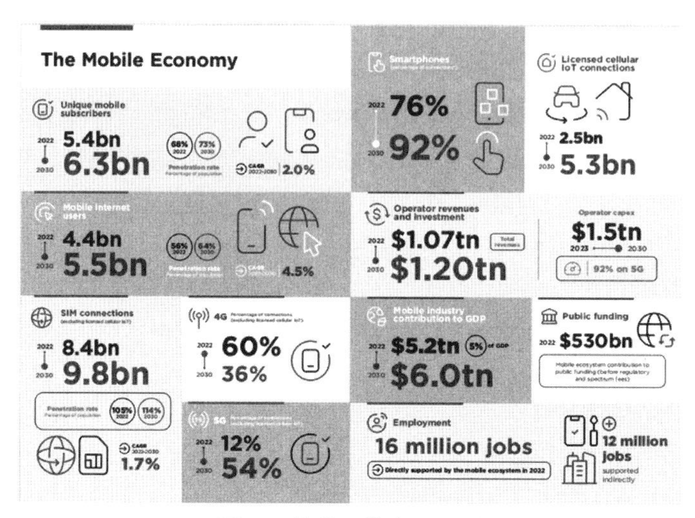

圖 0-1 移動設備市場預測

很顯然，我們已經慢慢地從以 PC 為載體的傳統網際網路轉移到以行動設備，如手機、虛擬實境、可穿戴式裝置為載體的行動網際網路時代，那麼隨之而誕生的便是一個嶄新的行動經濟模式：整個市場經濟將由目前的固網轉移至消費者的行動設備之上。並且隨著星鏈技術的導入，人類將從當前的有限移動向空天海一體化的無限行動通訊時代轉變。

隨著終端產品的智慧化不斷深入，並且由 AI 晶片、星鏈通訊為基礎所構建的智慧終端機產品將會表現出端與端的智慧化溝通、決策。可以預見，未來 20 年，人類社會將會進入一個依賴演算法，並由演算法所建構、所統治的時代。而在演算法的世界中，智慧穿戴就成為了人類生活中不可或缺的智慧器官。

2. 共享經濟

從以 Uber（圖 0-2）為代表的共享經濟模式出現之後，共享經濟藉助於網際網路技術正在深刻的改變著人類的工作、商業、生活等方式。尤其是在疫情的影響下，更是加速了共享經濟的發展趨勢，人們不再需要固定的辦公室、沒有規定工作內容的合同、工作時間靈活可變，收入還相當可觀。它不僅改變了人們的生活，還正在改變人們的工作。共享經濟透過合理配置閒置資源，實現利益最大化，其最大的吸引力在於靈活性：幾乎任何人都可以隨時參與，並受益其中。

圖 0-2 Uber 專車司機

Uber 的司機可能是一位大學教授，也可能是一位整天在辦公室工作的你，無論你是誰，做著怎樣的工作，只要你有空閒的時間，並且有符合要求的座駕，就可以加入 Uber 行列賺點外快。調查顯示，美國 Uber 司機的受教育程度相當高，近一半有大學或更高學歷（48%），大大高於計程車司機（18%）和勞動力中的平均值（41%）。

類似的還有 Instacart，它讓你在獲得購物滿足感的同時賺到錢。只要你有最新的智慧型手機、年滿 18 歲以上，能搬動 12 磅（約合 11 公斤）以上的重量，週末和晚上的時間能夠安排工作，就可以成為 Instacart 的一員。在去超市購物的時候，如果你看到需要幫助送貨上門的鄰居在 Instacart 下了單，你便可以搶單，幫鄰居購物以及送貨上門，這樣你就可以獲得每小時 25 美元的報酬。

此外，座駕分享企業 Zipcar、房屋分享企業 Airbnb 和圖書分享企業 BookCrossing 等，都正在幫助消費者更加迅速有效地找到他們需要的商品，而且這些企業的優勢在於，消費者可以在這些平台上，以更加低廉的價格找到他們所需。這種模式的出現得益於無時無刻、無處不在的行動通訊技術所構建的獨特資訊流。

而隨著自動駕駛技術的進一步深入，當汽車擁有了真正的自動駕駛能力之後，車主在完成了自己的上班通勤需求之後，在辦公室工作的同時，就可以將汽車投入到商業運營中，一邊工作賺錢，一邊還可以讓無人駕駛汽車為他人提供服務而賺額外的錢。當我們下半回家睡覺的時候，無人駕駛汽車依然可以繼續工作，幫助我們賺錢，這就是共享經濟的魅力。

3. 無界限運算

在人工智慧技術的驅動下，中國和全球正在步入一個以雲端運算為中心的全面運算力時代。雲端運算中心負責資料交匯處理，擔負著巨量複雜資訊資料的傳輸、儲存和運算。未來我們接觸到的資訊載體往往是一塊塊螢幕，例如比今天更輕薄的智慧型手機、平板電腦和電視牆，甚至是虛擬的全息螢幕，總而言之，螢幕將變得無處不在。螢幕只是我們生活中資訊呈現的載體，而一切的資訊處理都將由看不見的運算能力所承擔。

無界限運算將不僅改變我們的生活狀態，也將改變我們的工作狀態。以前我們要去企業打卡上班朝九晚五，但是現在以及未來，在移動資訊無所不在的網路社會，越來越多的就業機會將會創建於傳統職場之外。美國企業僅有 35% 的員工須在辦公室內從事朝九晚五的工作，其餘可以在家或在其他場所隨處運算，從事創新或為客戶提供服務，同時透過行動智慧設備隨時與公司保持密切聯繫。總之，整個業務和工作環境都在行動網路之中。

不僅如此，基於智慧穿戴所構建的元宇宙時代，將會引發一場新的國際分工，而這次分工的核心並不是實體生產製造環節，而是圍繞著可穿戴式裝置所引發的一系列資訊處理的國際分工。或許香港將是全球眼科診斷的資料處理中心，美國將會是兒科的資料處理中心，中國將是中醫的資料處理中心，總之無界限運算將打破當前國家地理區域的限制，各國都將會圍繞自身最具有優勢的產業資訊流建立相應的資料處理平台，並服務於全世界。

4. 人工智慧

2011 年，超級電腦「沃森」（Watson）在 IMB 三場《危險邊緣》（Jeopardy）智力競答比賽中，贏了兩位最優秀的前冠軍人類選手。不久前，日本東京三越百貨總店出現了一位身著和服的「美女」為遊客引路、介紹食品區資訊及店內活動，這位名為 Aiko Chihira 的接待小姐是東芝研發的人形機器人（圖 0-3）。

圖 0-3　東京三越百貨機器售貨員

人工智慧的發展，將給人類的生活和工作帶來極大的幫助。特別是在工業製造中，智慧型機器人，或者智慧機械手臂會為企業增長可觀的效益。目前，中國各大城市已經有越來越多的加油站裝有自動加油機器人、超市增設購物自助付款服務。這種作業自動化的大趨勢，正逐漸取代人手服務。不知當自動化擬人機械年代真正來臨時，人類就業前景可會受重大的衝擊？ 2022 年 4 月，來自中國科學院的蒲慕明院士在《未來中國》分享有關什麼時候機器可以取代人類的問題時，舉例說到人工智慧預計到 2075 年，或許可取代人類 90% 的工作。

2023 年 6 月 14 日，諮詢機構麥肯錫發佈了一份題為《生成式人工智慧的經濟潛力》的研究報告，在報告中，分析師們透過對全球 80% 以上勞動人口的研究，探討了在 AI 成指數級發展背後，對全球經濟將帶來的影響，包括哪些行業衝擊最大，哪些人面臨失業威脅，並最終得出結論：AI 取代人類工作的時間被大幅提前了 10 年，在 2030 年至 2060 年間（中點為 2045 年），50% 的職業逐步被 AI 取代。

而我也多次公開表達，不久的將來，人類社會一切有規律與有規則的工作，都將被人工智慧所取代。並且會加速我們人類進入一個全新的人機協同時代。

不過這還只是一個開始，當人工智慧與萬物智慧穿戴進行融合時，它不僅能有「智慧」的成為我們的生活助理，並且無處不在。同時，隨著具有自學習能力的生成式人工智慧技術的發展，也將具有左右、主導我們整個人類社會的潛在危機，但人工智慧的趨勢已經勢不可擋。

5. 智慧生活

試想一下這樣一個未來：

當你下班開著車回家時，可穿戴式裝置根據你一天的工作量得知你的疲憊指數、心情，甚至瞭解你在這種心情時的胃口，然後根據這些分析，在你一啟動汽車時，就選擇好了舒緩的音樂供你放鬆心情。接著，它便開始將你的情況告訴智慧家庭與人形機器人管家們，讓它們趕緊根據氣候調節好室溫、光線明暗，準備好洗澡水，甚至還能為你準備營養豐富的健康晚餐。

當你一到家，並不需要刻意去想著先開啟什麼，後做什麼，只需很自然地順著你平時的習性隨意而為，因為所有的智慧設備都已經隱於你生活的背後。它們透過你身上的可穿戴式裝置回饋的資料，在你需要的時候自然而然地出現。

即使是一位極度貼心的管家也無法做到這樣。管理或許能透過與你長年累月的相處瞭解到你愛吃什麼，喜歡穿什麼，但卻很難做到完全瞭解你在想什麼。而接入可穿戴式裝置與腦機介面技術之後，人形機器人將會幫我們完成一切的智慧化管理。未來的生活，將是由許多「懂」

我們的智慧設備與人工智慧合力為我們打造。而這樣的智慧生活，正在向我們每個人走來。

6. 再生醫療

再生醫療是一種利用幹細胞修復人體器官或組織的尖端醫學技術，將人工培養的活性細胞或組織等移植到人體內，使受過損傷或病變的人體臟器或組織再生，進而恢復健康。

2006 年，日本京都大學教授山中伸彌發現並成功培育出誘導性多功能幹細胞，並因此獲得 2012 年諾貝爾生理學或醫學獎。誘導性多功能幹細胞的醫療將能培育出牙齒、神經、視網膜、心肌、血液、肝臟等人體所有細胞和組織，移植到患者相關部位，使患者被損傷或病變的器官恢復健康；醫務人員則可以採用該技術，從患者身上採集細胞培養成幹細胞，在試管中再現發病機制，並針對發病機制在細胞級別層面有針對性地研發有效的治療藥物。

未來社會，再生醫療將變得更加簡單高效。隨著生物列印技術的發展，比如 3D 列印能夠直接列印出用於人體內部的各類器官，而 4D 列印的非治療型奈米機器人，將可以擔當起人體「衛士」的職能，在人體內進行 24 小時無休的巡邏工作，一旦遇到癌症細胞，還能自動觸發形變功能，直接將其吞噬或釋放所攜帶藥物將其進行消滅。

總而言之，人類在疾病面前將變得不再那麼被動或無能為力。隨著智慧科技的發展，特別是可穿戴式裝置時代的來臨，當人的生命跡象，甚至包括人的各種器官狀況都能被智慧穿戴式裝置即時監測的時候，醫學領域將會是首先被顛覆的。

我們可以想像，讓人形機器人走入我們的生活，當人形機器人擁有 GPT 醫療醫生能力的時候，我們不僅可以藉助於智慧穿戴實現對身體健康資料的即時監測，當這些資料即時分享給家裡的人形機器人管家的時候，它就會按照這些健康資料來為我們制定相應的飲食、作息、運動等方案，還可以給我們提供相應的診治方案。

7. 思維共用

印度寶萊塢最新的一部電影《來自星星的傻瓜》裡面，外星人 P.K. 的交流方式不是透過語言或者各種外在的表情和動作，而是基於握手，透過腦波交互實現意識交換。這種交流方式，將讓謊言無處遁形，甚至還能快速學習他人頭腦中的各類知識。

被稱為在世的最偉大的科學家之一——霍金，在 21 歲時就患上肌萎縮側索硬化症，他唯一能動的地方只有兩隻眼睛和 3 根手指，而他的未來將就此被禁錮在輪椅上。但是，在不久前，霍金擁有了一個新裝備，讓他的眨眼皺眉都能變成指令，幫助他來展現其豐富的思維。其實這些技術並不是科幻，而是正在實現的腦機介面技術。

我相信許多人對於思維共用或者意念溝通都抱有很大的期待，特別作為學生考試的時候，恨不得能有哆啦 A 夢的記憶麵包。在愛立信的全球調查中，40% 的智慧型手機用戶表達了「希望使用可穿戴式裝置，透過意念與他人進行溝通」的需求。甚至超過三分之二的被調查者認為，在未來，這種溝通方式將變得司空見慣。

其實思維共用正在實現的路上，就是當前火爆的腦機介面技術。腦機介面技術從嚴格意義上而言，就是智慧穿戴式裝置中的一種，就是指對腦電波、腦意識實現讀寫的這樣一種針對於大腦的智慧穿戴技術。我們藉助於腦機介面技術與人工智慧技術的融合，人類就能跨越語言交流的障礙。對於有語言障礙，或者說因為生理原因所導致的語言障礙人群而言，藉助於腦機介面與人工智慧語音生成技術，就能將我們大腦中想表達的意念，藉助於腦機介面技術準確的讀出，並透過人工智慧語音系統生成並播放出來。

而跨語種交流的障礙，在腦機介面這種智慧穿戴式裝置時代都將被消除。不論何種語言的交流，都會以交流者母語的方式呈現在交流者的大腦中，並且還可以以對方語言的方式對應著相應的發音來幫助交流者進行表達。思維共用的設想，正在因為腦機介面技術的到來而成為現實。

8. 預測監控

搜尋引擎、GPS 定位、社交媒體等這些所產生的資料將在大數據分析技術不斷提升的情況下，改變未來整個商業格局。比如 Google 搜尋、Facebook 及 Twitter 等社交媒體服務與智慧型手機的廣泛使用，提供大量有關消費者購物偏好的資料，擅長大數據分析（Big Data Analytics）的市務專家就可以藉此輕易地構建客戶情貌（Profiling），從而準確預測個別消費者的購買行為；而在 iOS 及 Android 智慧型手機上的全球定位系統（GPS）、地理資訊系統（GIS）和同步定位與地圖構建（SLAM）系統等軟硬體輔助下，資訊科技專家也能有效預測使用者在使用智慧型手機時的行蹤，如再加上遠端視像感應系統，我們的工作及生活環境可能受到他人的全天侯監控，幾乎已無個人隱私可言。

而最新的研究已經表明，星鏈網可以替代 GPS 定位服務，精度也將超過民用 GPS 的 10 倍，而且不容易受到干擾。根據奧斯丁分校的陶德．韓弗理斯（Todd Humphreys）的計算，這種使用即時軌道和時鐘資料的星鏈網低軌道定位系統，將可以讓使用者的位置精度達到 70 釐米以內，比現在智慧型手機、手錶和汽車中廣泛使用的 GPS 系統精度要高出 10 倍左右，而佔用星鏈網的下行頻寬不會超過 1%，耗電不超過 0.5%。因此，未來學家派翠克．塔克（Patrick Tucker）認為我們將會生活在一個處處備受監控、隱私蕩然無存的赤裸未來（Naked Future）。

可穿戴式裝置時代，一切資料都將變得更加精準，商業行為將在分秒之間進行，誰更多地掌握著有效資料，誰就能最先為客戶提供個性化服務，贏得客戶的關注和信任。很顯然，資料隱私將會成為未來最主要的議題之一，世界各國都將會面對智慧穿戴所帶來的海量資料所困擾，圍繞人類的大數據隱私將會成為新民主主義最受關注與爭議的話題。

0.2 未來的消費模式

1. 有限個性化消費模式成主流

在商業消費的世界裡，真相並不重要，重要的是如何說服消費者相信這就是真相。很顯然，每個時代都有不同的消費潮流和消費模式，而 21 世紀的今天，我們面對的將是個性化消費模式成主流。當然，這種個性化也只是有限的個性化，更多的是表示消費者擁有了更多的選擇權，因為琳琅滿目的商品更多了。

iPhone 產品的推出與發佈瞬間縮短了商業間的距離，讓全世界的商品都凝聚到了指尖上，並圍繞著人類來轉動。而藉助於行動網際網路技術的普及，資訊的流動速度與範圍也超過了以往的任何一個時代。無區域無時限的流動，讓用戶的想法獲得了充分表達，並有機會被採納。就如小米藉助微博直接與用戶充分互動的浪潮，快速推動了以使用者為導向的商業革命，讓用戶參與其中，表達自己的想法，並為自己的想法買單。而這波以使用者為導向的革命，將會是接下來很長一段時期的主流。而以使用者為導向的商業形態將呈現以下幾種特性：細分、個性、參與、體驗、快速。消費者可以隨時隨地找到無數的可選產品，並且能立即納入囊中，全世界的商品就在我們的指尖。而消費者在這個時代中，將以自己的方式重新定義價值。

正如上文所提出的，這種看似消費者的個性化消費，其實本質上是有限的個性化消費。為什麼這樣說呢？核心原因就在於當消費者的行為被資料化之後，他們的偏好也隨之被資料化。我們的資訊產生與資訊接受都成為資料化之後，流量就成為資訊的核心。這也就意謂著，網際網路的商業平台掌握並主導著使用者的行為資訊，並且也主導著相應的資訊推送權。因此，看似個性化的消費模式，最終在演算法的控制與驅使下，我們將進入一個有限個性化的時代。

2. 越來越注重設計消費

隨著文化素養和消費水準的提高，消費者逐漸由注重產品功能實用的傳統消費觀轉變到產品功能與外觀均要獲得滿足的現代消費觀。除此之外，許多消費者還在極力追求情感上得到滿足的消費。也就是說，當商品的使用功能被基本滿足之後，剩下能打動消費者的就是情感、文化與所帶來的視覺感官刺激與情感共鳴。

對於任何商業行為而言，不論是平面的廣告、海報，還是數位影像，或者是實際的商品，設計都是最能直接表現商業目的的形式。而對於有形的商品而言，產品外觀設計是說服消費者最直接的方式。在物質過剩與消費者進入低欲望的時代，設計將成為這個時代商業競爭的核心競爭力之一。一款產品的精神和內涵也只有藉助設計才能更好地被表達出來，消費者也是透過設計來認可一款產品是否滿足了自身的消費需求。換句話說，許多人已經從基本的物質消費上升到了精神層面的消費，即設計消費，尤其在奢侈品的消費中表現得更為突出。

此外，消費者的個性化需求更多地將透過購買設計服務來實現，即使再好看的商品，也會因為人人均有而變得不再特別，失去了特別也便失去了價值。這是個追求特別、個性，我的地盤我做主的時代，只要你的產品夠獨特，最好是為我量身打造的，那麼我會非常樂意降低對產品的價格以及實用性要求的。尤其是當 3D 列印技術越來越成熟，當個性化定制變得更為便捷、簡單的新工業生產的時代，按照需求的個性化設計與定制將會成為新商業模式的主流方式。

3. 從單一消費模式向綜合消費模式轉變

以前，我們可能為了買一件商品還得跑好幾個地方，但是如今在一個地方就能買到所有想要的東西，比如綜合商場。如今，隨著電子商務、行動網際網路及移動智慧設備的發展，我們只需動動手指，全世界的商品都呈現在我們眼前，分分鐘就能買到東西，並且還送貨上門，甚至是 24 小時的無人配送。當然這樣的消費嚴格上還不能成為綜合消費。真正的綜合消費是指消費者在極短的時間內快速高效地完成一個複雜的消費過程。

如今的產品線覆蓋面越來越廣，尤其在行動網際網路的作用下，用戶可以對虛擬與實物、線上與線下結合的生產和生活的各個方面進行消費。例如來自中國的支付寶的「未來醫院」已經透過網際網路實現了線上完成掛號、候診、檢查報告、繳費等整個就醫流程（圖 0-4），未來將進一步完善電子處方、就近藥物配送、轉診、醫保即時報銷、商業保險即時申賠等所有環節；接著在開放大數據平台，結合雲端運算能力的前提下，與可穿戴式裝置廠商、醫療機構、政府衛生部門等合作，共同搭建基於大數據的健康管理平台，實現從治療到預防的轉變。

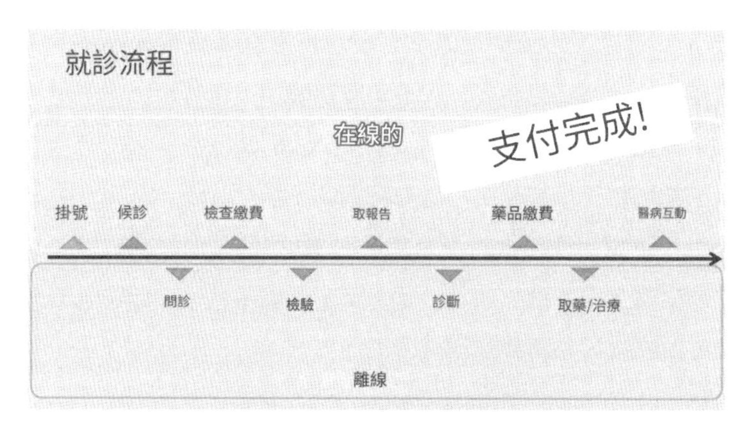

圖 0-4　未來醫院就診流程

簡而言之，未來，我們只需將錢付給一個商家，對方就能滿足我們所有的消費需求，特別是像醫院這樣的機構，以後再也不用這個窗口那個窗口地跑了。當然，結合 AI 生成式大模型之後，當我們要外出旅遊的時候，只需要將我們的旅行時間、計畫、花費要求告訴人工智慧，它就能給我們一個最完美的旅行規劃，包括出門的時間、最佳的航班、最合適的旅遊線路，最符合要求的酒店等資訊，在我們同意方案後，人工智慧就能幫我們完成一系列的預訂與支付。

PART

1

可穿戴，從未來走來

智慧穿戴其實就是智慧感測器穿戴，從人到物，是構成元宇宙的核心載體。而可穿戴式裝置，通常是指可以穿戴在人身上的智慧化監測設備，比如智慧手錶、智慧服飾、智慧眼鏡、智慧鞋等。這些設備具備了當下智慧型手機、平板以及 PC 的各種功能，但與它們最大的不同在於，一方面在形態上，可穿戴式裝置以符合人體舒適穿戴的方式為主要的產品形態；另外一方面是可穿戴式裝置內嵌了各類高精度靈敏的感測器，作為輸入終端，能與人體達到前所未有的深度融合。而當可穿戴式裝置發展到足夠成熟的時候，它們還會成為我們生活甚至人體的一部分。比如它們可以是眼鏡、手環、手錶、服飾、鞋襪、內衣、帽子等與人們日常生活息息相關的任何東西。

未來，人體的每個部位都可能成為可穿戴式裝置開發的潛在領域，除了頭部、手腕、腳部這些顯而易見的地方外，還有許多植入人體內部的微型傳感設備正在突破一個又一個新的領域，並給社會生產和生活帶來又一輪巨大的變革。

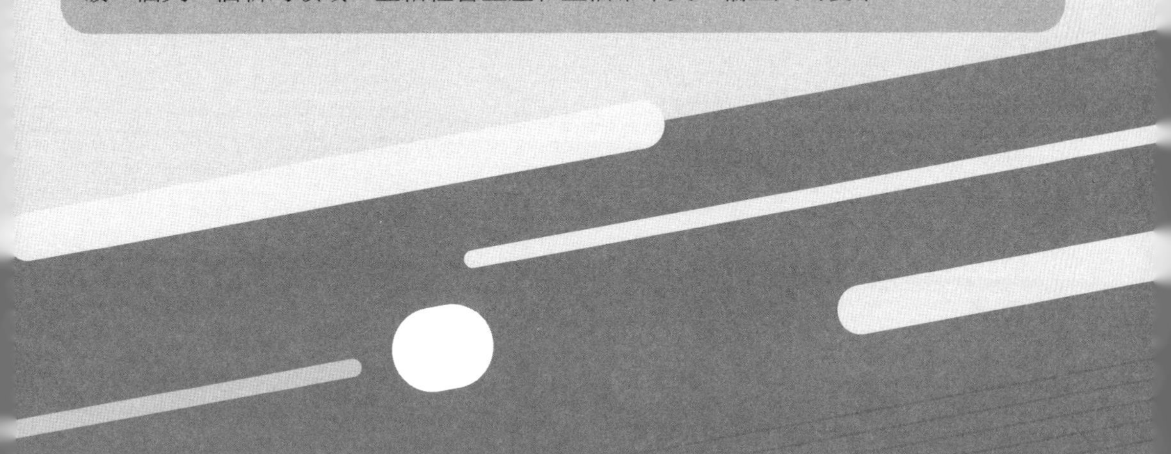

CHAPTER

1 認識可穿戴式裝置

1.1 可穿戴的誕生與發展

1.2 Google 眼鏡，點燃可穿戴

1.3 Google 眼鏡成與敗

1.4 Google 眼鏡的終極目的

可穿戴式裝置是一個從科幻走入現實 、 從未來走向現在的科技概念。

我們在許多科幻作品中都能看到可穿戴式裝置的出現。比如，1979 年的《鐵金剛勇破太空城》中，戴在硬漢手腕上的手錶不僅可以對話，還能變身手錶炸彈；10 年前，詹姆斯 · 邦德在《007：空降危機》中，靠一隻可以防水、攝影、錄音的智慧手錶「開掛」，成功探查了一系列的機密；《不可能的任務：鬼影行動》裡阿湯哥的「黑科技」智慧隱形眼鏡，以及《星際爭霸戰》中的通訊徽章等等。這些可以直接穿戴在身上，或者是整合到我們的衣服或配件的一種可攜式設備，就是可穿戴式裝置。

1.1 可穿戴的誕生與發展

大概很少有人會想到，最早的可穿戴式裝置的誕生地竟然是賭場。

麻省理工學院數學教授 Edward O. Thorp 在他的賭博輔導書《Beat the Dealer》中提到，在 1955 年，他想到了一個有關可穿戴電腦的點子，用於提高輪盤賭的勝率。基於這一設想，1961 年，Edward O. Thorp 真的和另一位開發者 Claude Shannons 合作完成了該設備的開發，那是一台小型可穿戴電腦，透過穿在身上，可以在賭博過程中計算數據，從而驗證他們的公式是否正確。根據這台可穿戴式裝置，Edward O. Thorp 成功地把輪盤賭的勝率提升了 44%。

此後，可穿戴式裝置領域開始加速發展，多個品項誕生於這一時期。世界上首款手腕計算器 Pulsar 在 1975 年年末正式發佈，並在當時引發了一股流行潮。據傳，當時美國總統福特也對售價 3950 美元的限量版 Pulsar 產生了興趣，這讓媒體激動不已。不過隨後福特表示，那不過是一個家庭玩笑。

1981 年，還是高中生的「可穿戴技術之父」史蒂夫．曼恩設計出了史上首個頭戴式攝影機，即把一部電腦連接到了一個帶鋼架的背包上，以此來控制攝影裝備，這款設備的顯示器是一塊連接到頭盔上的相機取景器。

1984 年，卡西歐推出了全球最早能夠儲存資訊的數位手錶 Casio Databank CD-40；1989 年，Reflection Technology 推出 Private Eye 頭戴式顯示器；1994 年，多倫多大學研究人員開發了一款可以將鍵盤和顯示器固定在前臂上的腕式電腦。

不過，受限於技術、成本、應用場景、配套設施等瓶頸因素，這些新生產物並沒有能夠形成消費級市場，惠及普羅大眾。

以 Private Eye 顯示器為例，這款產品就像是一個頭戴式耳機，搭載一塊 1.25 英寸的 720*280 圖元單色螢幕，可以實現約 15 英寸顯示器的觀賞效果。這台可穿戴式裝置除了能夠閱讀文件文字外，基本上沒有其他功能，便攜性也並不盡如人意。智慧手錶品項更是如此，微軟在 2004 年推出的史上第一款智慧手錶 MSN Direct 拉開了雙螢幕技術的帷幕，卻也只能提供新聞、天氣、文字消息等資訊內容接收功能——甚至需要使用者繳納包月或包年使用費——卻無法連接手機接收通知和消息。

當然，儘管這些極早期的可穿戴式裝置很快就被淘汰，但其形成了可穿戴領域的雛形，所秉持的前衛設計理念也對後來的產品造成了一定的影響。

1.2 Google 眼鏡，點燃可穿戴

進入 21 世紀後，可穿戴式裝置便進入了飛速的發展期。2006 年，Nike 和 Apple 聯合推出了 Nike+iPod ——一款允許用戶將自己的運動同步到 iPod 中的運動套件。Nike 隨後還推出了數款帶有 iPod 專用口袋的服飾。

2007 年，James Park 和 Eric Frienman 兩人合作成立了 Fitbit 公司。2009 年，Fitbit 推出了自己的首款產品—— Fitbit Tracke。在不到 3 年的時間裡，這個拇指大小的小玩意便在北美掀起了一股運動健康的熱潮，在它的引領之下，個人可攜式可穿戴健康設備一度成為風險投資者（VC）們的新寵。

2012 年，Pebble 智慧手錶藉助群眾募資平台 Kickstarter 籌得了 1000 萬美元，該專案原先的籌款目標只有 10 萬美元，但出乎意料地大受科技愛好者及運動愛好者們的追捧。這是一款相容 iPhone 和 Android 手機系統的智慧手錶。使用者可以直接透過 Pebble 手錶查看 iOS 設備中的 iMessage 短信。不僅如此，它還可以顯示來電資訊，瀏覽網頁，即時提醒用戶郵件、短信和社交網路資訊。而其外形簡約、時尚，並具有多種顏色可供選擇，獲得了用戶的好感。

雖然這些可穿戴產品也在可穿戴式裝置市場上激起了小小水花，但真正要說到對可穿戴式裝置的發展帶來重要影響的，還是 Google 眼鏡的發佈。

2012 年，Google「探索者」專案產品 Google 眼鏡（Google Glass）正式面向市場亮相，瞬間引爆了整個科技圈，甚至時尚界，Google 的聯合創始人謝爾蓋 · 布林戴著它走上紐約時裝週的伸展台。這一眼鏡模樣的設備，一側裝有一顆攝像頭和條狀的電腦處理器裝置，可實現類似智慧型手機的功能：聲音控制拍照 / 錄影，通話、導航、上網、處理文字和郵件。一時間，關於 Google 眼鏡的絢麗廣告片鋪天蓋地而來，Google 眼鏡也一度被認為是代表「未來」的產品。

圖 1-1　紐約時裝週上，Google 聯合創始人謝爾蓋 · 布林（Sergey Brin）攜手著名時尚品牌 DVF 展示 Google 眼鏡

2013 年 10 月 30 日，Google 又在 Google+ 上發佈了第二代 Google 眼鏡的照片。第一代 Google 眼鏡使用了骨傳導技術為用戶播放聲音，而新產品則新增了耳塞。

2014 年 4 月 10 日，Google 宣佈，將於 2014 年 4 月 15 日在美國本土年滿 18 歲的美國居民開放 Google 眼鏡網路訂購，售價 1500 美元，僅限一天。

2014 年 5 月 25 日，Google 向美國本土所有年滿 18 歲消費者開放銷售探索版 Google 眼鏡，只需要登錄 Google 官網就可以購買 Google 眼鏡。

2014 年 6 月 23 日，Google 宣佈正式將 Google 眼鏡推向海外市場的第一個國家——英國，售價約合 1,000 英鎊。

2014 年 7 月，Google 眼鏡正式開放直播功能。我們不得不承認 Google 在技術研發上的領先性，不僅僅是智慧眼鏡的領先，同時 Google 也是最早測試直播這種經營型態的企業。在開通直播功能的時候，Google 開始正式在其 MyGlass 商店中提供 Livestream 影片分享應用。安裝該應用的 Google 眼鏡佩戴者只需說，「OK，Google Glass 開始直播吧。」即可把所見所聞免費分享給 Livestream 裡的其他人，在此之前該應用一直都處於測試階段。Google 眼鏡，已推出了包括音樂識別應用 Shazam 和仰望星空在內的多款應用。

而基於 Google 智慧眼鏡所推出的這款軟體可以作為醫學院的手術教學工具，醫生可以佩戴 Google 眼鏡直播自己的手術過程，這樣學生就能透過影像直接觀看到手術，而不必站在手術室內，當然使用者還可以透過它分享自己在音樂會或足球賽的體驗。

2014 年 11 月 25 日，Google 計畫關閉銷售 Google 眼鏡的實體零售店 Basecamp，原因是大多數使用者透過網路或電話購買 Google 眼鏡，獲取技術支援。

這一年，儘管 Google 眼鏡產量不足，黃牛市場一度炒高價錢，但全世界仍有不少嘗鮮者熱烈追捧。

然而，隨著真機陸續到手，人們開始逐漸看清了這款評價虛高的產品：功耗過高、佩戴不適、相比手機功能並不足以驚豔、可玩的應用少的可憐……尤其當時還沒發展起來的智慧眼鏡 AR 應用生態，都是 Google 眼鏡成為爆款的「絆腳石」。

更大的問題則出現在 Google 眼鏡的那顆前置鏡頭上。由於設計原因，Google 眼鏡前置鏡頭在拍照或者錄製影片時沒有特殊的效果提示，這讓人們在面對一個戴 Google 眼鏡的使用者時，不禁會產生「這不是在拍我吧」的疑問，這對於注重隱私和肖像權的歐美人士來說無疑是犯了大忌。一些極客（geek）對於 Google 眼鏡的畸形熱愛也推波助瀾，科技部落客 Robert Scoble 那張戴著 Google 眼鏡在浴室洗澡的照片，也確實給很多人留下了心理陰影。以至於國外給戴 Google 眼鏡的使用者起了個新名字——「Glass Hole」，不少餐廳甚至表明不接待戴 Google 眼鏡的使用者。

在市場研究公司 Toluna 展開的一項民意調查中顯示，72% 的受訪者將對隱私的關注作為拒絕佩戴 Google 眼鏡的理由，他們擔心駭客可能透過 Google 眼鏡存取個人資料、洩露個人資訊，其中包括位置資訊等。

2015 年，Google 眼鏡項目終止。雖然兩年後，它最終以轉戰行業應用的方式回歸市場，但不可否認的是 Google 眼鏡已經在大眾視野中逐漸消失，未來何時在歸來，或許時間才能告訴我們答案。但 Google 曾經以遙遙領先全球的智慧眼鏡引爆了智慧穿戴這個行業，讓我們看到了智慧穿戴時代的到來，也為元宇宙概念的提出奠定了基礎。

1.3 Google 眼鏡成與敗

從 Google 眼鏡誕生，並以實際應用產品進入公眾視野的那一刻起，整個可穿戴產業的命運似乎就開始隨著 Google 眼鏡跌宕起伏：從最開始的被大家寄予厚望，到後來引發的各種「吐槽」、爭議。但不論媒體或消費者怎麼看待，Google 眼鏡作為可穿戴式裝置新時代開啟者的地位毋庸置疑，可謂生得偉大。

雖然 Google 眼鏡在消費市場走得很坎坷，不是因為外觀長得太醜被吐槽就是因為隱私問題被用戶聯合抵制，甚至到後來乾脆消失了，以至於在大部分人眼裡，Google 智慧眼鏡都是一款失敗的產品；但在我看，其實不然。

事實上，Google 眼鏡從誕生開始，就一直在消費市場試水溫，但走得很坎坷，不是因為外觀長得太醜被吐槽就是因為隱私問題被用戶聯合抵制。而在推出這款產品之前，Google 眼鏡在 Google 實驗室中已經被修正了 N 次，公司內部已經經歷過無數次的失敗。從關於智慧眼鏡的一個 idea，到最初如同原始電腦一般笨重到讓人無法佩戴的成品，然後經過 N 次的更新升級。而在這個過程中，每次的更替還不一定都會成功的，也不一定都有大的跨越，更多的可能只是一點點的小進步。但 Google 一直沒有放棄，用超過一般企業家的毅力支持著這個「夢想」的發展。最後，Google 眼鏡才能夠以可佩戴的眼鏡載體的方式出現。

我們所認識到、看到的 Google 眼鏡，都只是 Google 在智慧眼鏡這個項目研發過程中的一個版本而已。而在那個時間點，Google 向全世界宣佈並展示了這款智慧眼鏡產品，則是基於其對整個科技發展趨勢的判斷，也就是元宇宙的時代即將到來，智慧穿戴產業將會進入爆發期。於是，前瞻性的推出 Google 智慧眼鏡，一方面引爆產業；另外一方面進行商業級的實際測試。

從最初進入普通消費級市場進行測試，包括在媒體、教育、社交、影視等領域的探索；之後在遠端醫療，包括開放英國市場進行試用，到後來在企業級領域的應用探索等行為來看，Google 一直在為智慧眼鏡尋找一種最佳的商業化方式。

與在 X 部門不同的地方在於，在研發這款產品的過程中，Google 一直憑藉著其內部的優秀科學家對產品的「完美」構想與追求進行更替。但是，想要實現顛覆性的商業化價值，那就還需要對產品進行實際應用場景的探索，一方面可以借此清晰地知道 Google 眼鏡涉及顛覆的領域有多寬；另一方面能夠知道在這些不同場景、領域的顛覆過程中，其產品所要滿足的技術要素有哪些。

於是，才有了後來 Google 將 Google 眼鏡嫁接到帽子上的專利。根據專利圖顯示，該設備由一個帽子連接器和顯示部分組成；顯示部分利用磁力吸附在帽子上，可以移動到不同的位置，也可以進行不同角度的旋轉。

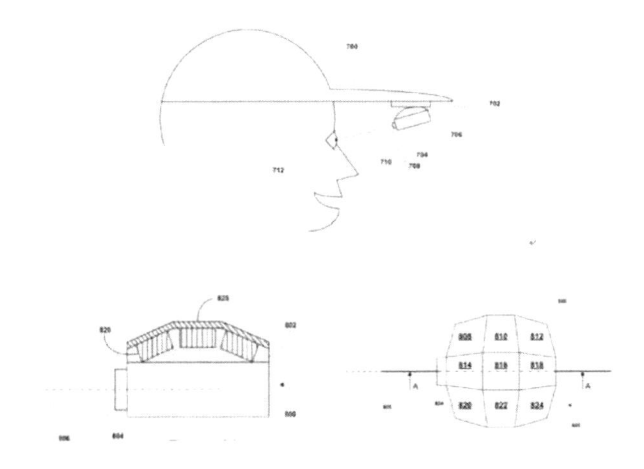

圖 1-2　Google 帽子版智慧眼鏡

這個關於 Google 智慧眼鏡的專利，正是基於之前 Google 眼鏡在市場上的測試所更替出來的最新版本。如果說之前的 Google 眼鏡在形態上受到了「眼鏡」的局限，讓一些並不喜歡佩戴眼鏡的人群難以接受這樣的形態，那麼這次的改進則是讓智慧眼鏡化「有形」於「無形」，以便讓更多非眼鏡佩戴偏好者也能愛上可穿戴式裝置。

除了將 Google 眼鏡推向消費市場的同時，Google 也在進行企業市場的探索。2014 年，Google 開始啟動了一個名為「Glass At Work」的項目，這個專案的主要目的就是為企業開發專門的 Google 眼鏡應用，用於幫助企業改善工作環境，提升工作效率。2014 年 6 月，Google 宣佈了首批 5 家「Glass At Work」認證合作夥伴，分別為 APX、Augmedix、Crowdoptic、GuidiGO 和 Wearable Intelligence。

APX 實驗室為 Google 眼鏡開發了一款名為 Skylight 的商務軟體，主要用於幫助人們在工作中快速訪問即時的企業資料。

Augmedix 開發的 Google 眼鏡 App 能讓病患的基礎資料資料，比如心率、血壓、脈率等等顯示在醫生佩戴的 Google 眼鏡上。

CrowdOptic 則被用來檢測來自移動和可攜式裝置的廣播事件，為體育和娛樂節目的參與者提供互動內容，該平台已被使用在 NBA 印第安那步行者隊的比賽中。

GuidiGO 側重於為博物館和其他文化機構的訪問者提供更豐富的體驗，比如透過講故事的方式幫助來訪者獲得相關背景知識，瞭解文化與藝術。

Wearable Intelligence 開發的應用 Glass ware 則集中在能源、醫療保健和製造業領域。

我們從這五家「Glass At Work」認證合作夥伴所開發的應用性質可以看出，它們分佈在各個領域以及不同種類的工作中。這些應用都有著相當明確的專業實用性，使用者往往需要一定的專業素養。例如全球最大的油田技術服務公司斯倫貝謝（Schlumberger）就與 Wearable Intelligence 合作為技術人員開發了專用的 Google 眼鏡應用，幫助他們快速獲取需要檢查的物品上的具體資訊，大幅提升了工作效率。

雖然 C 端受挫，但是 Google 眼鏡卻在 B 端開啟了另一段旅程，在不少製造業大公司找到了新天地，當然，這已經徹底脫離了大眾視線。

儘管最後銷量萎靡的 Google 眼鏡最終還是退出了歷史舞臺，但從時間上來看，Google 無疑是真正意義上「第一個吃螃蟹」的人。

作為可穿戴式裝置產業的引路人，Google 深刻地明白：基於眼鏡的可穿戴式裝置應用場景與商業價值將遠超所謂的智慧手錶、智慧手環。也就是說，在可穿戴式裝置產業中，當前最火爆的智慧手錶或者智慧手環其實是應用場景最小的一類產品，智慧眼鏡、智慧服飾將會是接下來體外可穿戴的一個重點爆發市場。

從產品設計來看，Google 眼鏡的設計理念至今仍被行業沿用，比如整合相機和 GPS 等功能，為 AR 眼鏡打開室外場景。又比如透過鏡架的觸控區域完成常規操作，這在今天仍是業界的主流交互手段之一。Google 的問題在於，它的理念太超前了，完全印證了那個經典論調：「領先一步是先驅，領先兩步是先烈」。

1.4 Google 眼鏡的終極目的

Google 眼鏡從誕生到退出，可謂命途多舛，但這並不是 Google 眼鏡本身發生了什麼重大的戰略失誤導致的，而恰恰反映的是整個可穿戴式裝置時代的問題，Google 眼鏡上存在的問題存在於任何一款可穿戴式裝置上，只不過 Google 眼鏡成了那「早起的蟲子」，被所有「鳥」盯上了而已。

Google 眼鏡退出市場，讓許多人認為 Google 在智慧穿戴領域失敗了，而我想說的是，其實我們很多時候對於國際巨頭的理解都是錯誤的，尤其是對於 Google 眼鏡的理解是錯誤的。

其實，Google 進入可穿戴領域的目的是為了佔領行動網際網路時代的資料入口，並建立基於行動網際網路的大數據搜尋平台。包括 Google 曾經收購 Nest 的行為同樣不是為了進入智慧家庭的產業領域，而是為了搭建大數據搜尋平台。

因此，Google 眼鏡的重點並不在 Google 眼鏡上，其對於智慧硬體領域展開的一系列收購行為也是醉翁之意不在酒，而在於圖謀大數據平台，最終獲得行動網際網路時代的用戶。我們都知道 Google 是做什麼的，它是做搜尋的，也就是所謂的大數據平台這個事情。那麼，Google 會拋棄自己的老本行而轉行去做智慧穿戴或者智慧家庭這一實體產業？我可以很肯定的告訴大家，不會。

那或許大家會問，Google 為什麼花那麼大的力氣在推出 Google 眼鏡，而且還不斷地做各種測試，不斷地在完善？我們回過頭來看，如今的可穿戴式裝置為什麼如此火爆，這把火是誰點起來的？正是 Google 透過 Google 眼鏡點起來的。再看，今天的智慧家庭為什麼這麼火爆，這把火又是誰點起來的，也是 Google 透過收購 Nest 點起來的。

然後當大家都在這個火堆裡添柴的時候，Google 卻沒什麼動靜了，悄悄地轉去做系統平台了。而就在大家透過不同的方法，克服了智慧家庭、可穿戴式裝置行業的各式各樣困難，同時又面臨著智慧設備應用系統缺失的時候，Google 就會在此時出現，並且告訴大家他已經搭建好了專門的可穿戴式裝置系統應用平台，以及專門的智慧家庭平台，正準備提供給各位開發者使用。

可以說，Google 的意圖是非常明顯的，對於 Google 而言，Google 眼鏡已經引爆了整個可穿戴式裝置產業。而之前 Google 需要自己研發眼鏡的主要原因，則是其缺乏可以支撐其搭建行動網際網路時期的搜尋平台，因此只能透過自身研發產品，然後進行一些測試，透過這些測試與試用獲得經驗累積，以幫助其完善行動網際網路大數據平台的搭建。

在 PC 網際網路時代，我們對於網際網路的黏性是按小時，或者說按天計算的，此時我們只要掌控 PC 端的資料平台就可以把控用戶了。

但是行動網際網路時代不一樣，行動網際網路時代的黏性是按分鐘計算，我們可以沒有電腦，但是我們現在很多人卻離不開手機。這就讓我們看到行動網際網路與 PC 網際網路的最大區別，即用戶黏性時間被進一步縮短。

而到了可穿戴式裝置時代，使用者的黏性被進一步縮短，從基於手機按分鐘計算的用戶黏性被壓縮為按秒計算。此時 Google 如果要繼續保持大數據平台的優勢，就必須從用戶黏性這個角度進行思考，這就是為什麼 Google 會推出了穿戴式的 Google 眼鏡，並引爆可穿戴式裝置這個市場。Google 清晰地認識到，行動網際網路時期最終極的用戶黏性就是基於可穿戴式裝置。

可以說，對於 Google 而言，Google 眼鏡並不是它真正的目的，Google 眼鏡也只是從實驗室走向消費市場的一次實際產品的測試。正因為如此，我們看到 Google 眼鏡似乎從來就沒有認真地考慮其商業化的事情，總是在不斷地探索，不斷地引導可穿戴式裝置的方向，包括在醫療領域的探索。

從這一角度來看，Google 眼鏡已經成功了——那就是吸引了全球那麼多的媒體、資本、人才蜂擁而入了可穿戴式裝置產業。而這些設備中，未來將有很大一部分將使用 Google 的可穿戴式裝置系統平台，這些使用者將會為其締造可穿戴式裝置所帶的大數據帝國，並且會深深的影響與改變當前所構建的諸多商業模式。不僅如此，Google 眼鏡還做了一個偉大的貢獻，就是成功讓基於可穿戴式裝置的 VR、AR 等概念的產品載體走到了聚光燈下。

Google 眼鏡點燃了可穿戴市場，自 Google 眼鏡之後，越來越多的可穿戴產品開始出現在我們的生活，並悄然改變我們的生活。

正是因為 Google 智慧眼鏡的出現，才有了後來 Apple 於 2023 年 6 月 6 日發佈的首款頭戴式顯示器，具備多個攝像頭，用戶用手勢、眼睛或者語音就可操作控制，可以用來工作、娛樂、溝通的新一代電子產品 Apple Vision Pro。從 Google 2012 年發佈智慧眼鏡，到 Apple 2023 年發佈 Apple Vision Pro，可以說 Google 領先了整整 11 年。也正是因為 Google 讓世界看到了一個即將到來的智慧穿戴時代，才有了後來 Meta 提出的元宇宙概念。

今天，可穿戴式裝置已然從思想雛形到成為變革各個領域的中堅力量，而這些改變的發生，不過短短 50 年，其中雖然也曾經發生過爭論、停滯，但最終它還是來到了。之所以它的來襲勢不可當，不是因為它裹挾一堆高科技技術，而是因為它賦予了網際網路物理屬性，成為行動網際網路時代一個全新的資料流程量出口、入口，讓元宇宙概念的實現成為可能。在可預見的將來，可穿戴式裝置及其背後的軟體、應用、內容服務都將成為每個人日常生活工作都離不開的一部分，這也是整個人類社會未來發展的趨勢與潮流。

Note

CHAPTER

2 可穿戴產品

2.1 智慧手錶

2.2 智慧手環

2.3 智慧耳機

2.4 智慧眼鏡

2.5 智慧頭戴式顯示器

2.6 智慧戒指

2.7 智慧服飾

2.8 更加多樣化的形態

近年來可穿戴式裝置概念持續火熱，可穿戴產品也層出不窮。目前，市場上主要的可穿戴產品形態各異，主要包括智慧手錶、智慧手環、智慧眼鏡、智慧服飾等。產品功能方面，醫療衛生、資訊娛樂、運動健康則是熱點和潮流。

2.1 智慧手錶

在一眾可穿戴式裝置裡，智慧手錶絕對是大家最熟悉，也是商業化最成熟的一種產品。

2012 年 4 月，可穿戴創業公司 Pebble 在 Kickstarter 發起智慧手錶 Pebble 的群眾募資項目。在對智慧手錶還沒有什麼概念的大環境下，Pebble 以電子紙螢幕的設計，完美平衡電池續航，博得了眾多用戶的眼球。截至群眾募資結束，Pebble 共籌得 1000 多萬美元。

在隨後的幾年裡，Pebble 在完成第一批群眾募資發貨的任務之後，接著準備第二次群眾募資以及一系列新品，先後發佈了 Time Steel、Time Round 等產品。電子紙螢幕從黑白升級到彩色版本，也從 2016 年關注健身功能。

遺憾的是，與一些群眾募資明星公司一樣，Pebble 先是在起步不久後迎來了它的高光時刻，隨後又陷入了許多創業公司都要解決的量產出貨困境。

真正把智慧手錶帶向市場，並點燃市場的還是 2015 年，這一年，Apple Watch 誕生了，之後以一年一更的頻率上新產品。儘管 2014 年

Apple 已經發佈了一些 Apple Watch 的資訊，但是發佈會一出，消息還是佔據了各大媒體的版面。

Apple 的第一款智慧手錶一共有三種款式，分別為普通款（Apple Watch）、運動款（Apple Watch Sport）和定制款（Apple Watch Edition）三種。它支援電話、語音回簡訊、能夠連接汽車、獲取天氣、航班資訊、具備地圖導航、播放音樂、測量心跳、計步等幾十種功能，可謂稱得上是一款全方位的健康和運動追蹤設備。

除了發佈 Apple 手錶，Apple 在開發者大會上還發佈了一款新的行動應用平台，可以收集和分析使用者的健康資料，Apple 將其命名為「Healthkit」，Apple 高階主管告訴開發者，它可以整合 iPhone、iPad 以及 Apple Watch 上其它各類健康應用收集的資料，如血壓和體重等。

2015 年，繼 Healthkit 後，Apple 又專為醫學研究者打造了一款軟體基礎架構，主要目的在於解決當前的醫療調查困境，如缺乏足夠樣本和參與者，資料支援不足等。這一平台最大的價值在於，協助研究人員和醫療從業人員透過智慧型手機 iPhone 收集與整理病人的醫療資料，幫助人們診斷各種疾病。目前的應用已經覆蓋乳腺癌、糖尿病、帕金森綜合症、心血管疾病和哮喘病等。用戶則可以透過 Apple Watch 監測追蹤自己的身體機能資料。

庫克在發佈會上也正式表示，使用 Apple Watch 可以讓你更健康。Apple Watch 的 Activity app 可以展示用戶每日的運動量，包括行走消耗的卡路里，鍛煉的時間等都可以及時地回饋給用戶。此外，使用者還可以設置適當的目標，Apple Watch 會根據設置每天進行提醒並幫助使用者達成目標。

自此，智慧手錶就像野火燎原一樣蔓延開來。Apple 手錶在 2015 年上市後僅 9 個月，出貨量就達到了 1160 萬；相較之下，2014 年智慧手錶全年市場出貨總量都不足 700 萬。隨後幾年裡，Apple 手錶更是長驅直入，甚至在 2017 年超過了傳統表業巨頭勞力士，成為全球銷售額最高的手錶。

在 2022 年，Apple 依舊是全球最大的智慧手錶品牌廠商，根據 Counterpoint Research 的統計，Apple 佔據了 2022 年全球智慧手錶 34.1% 的出貨量份額，並且還實現了 1.5% 的年增長率。Counterpoint 認為，Apple 的增長主要來自 Apple Watch Series 8、Apple Watch Ultra 和 Apple Watch SE 2022 版。其中，Apple Watch Ultra 面向極限運動和戶外運動，擴大了 Apple 在智慧手錶領域的消費群體。作為智慧手錶市場的「王者」，Apple 智慧手錶的出貨量年增長率到達 17%，並且在 2022 年佔據全球智慧手錶市場營收的 60%。

Apple 手錶的成功一下子打開了智慧手錶的市場，很快，就有各式各樣的廠商跟進，佈局智慧手錶市場，比如華為和三星。

華為手錶從 2018 年發佈的 Watch GT 開始，就放棄了 Google 的 Wear OS 作業系統，改用自家的 LiteOS 系統。基於自研的晶片架構，華為能夠深度整合硬體和軟體，讓設備實現更長的續航、以及持續的心率監測。同樣是在 2018 年，三星的 Galaxy Watch Active 預裝三星自研的 Tizen OS 系統，得益於系統級的打通，手錶能透過三星手機上的 Galaxy Wearable 應用與手機快速配對。

除了成人的智慧手錶外，針對於兒童需求的兒童手錶也受到了市場關注。在中國大陸，360、小天才構成了兒童智慧手錶時代大家揮之不去的記憶。作為兒童手錶市場的開創者，360 在 2014 年發佈了第一款產品，在後來堅持以獨立設備的定位打造具有通話功能的兒童手錶。

在中國大陸，兒童智慧手錶領域的佼佼者小天才雖然沒奪得先機，但憑藉強大的管道能力，迅速在市場佔領了一席之地，並長期稱霸出貨量榜首。當然，智慧手錶市場的普及，也讓大眾開始認識到有關智慧穿戴的概念，也對可穿戴式裝置有了更多的關注與思考。

2.2 智慧手環

手腕上的智慧可穿戴式裝置，除了智慧手錶，還有智慧手環。最早在該領域耕耘的是 Jawbone。事實上，Jawbone 最開始專注的也不是可穿戴產品，而是藍牙音箱、藍牙耳機，2011 年，Jawbone 正式進入可穿戴市場。

在智慧可穿戴業務領域，Jawbone 只有 Up 系列智慧手環一條產品線。Jawbone UP 是一款可以追蹤用戶的日常活動、睡眠情況和飲食習慣等資料的腕帶設備，具有智慧鬧鐘、閒置提醒、特殊提醒、小憩模式等應用模式。健康追蹤功能部分包含了各種生物阻抗感測器，比如對心率、呼吸頻率、皮膚電流反應、皮膚溫度、環境溫度做統計。另外，Jawbone Up 能夠根據使用者的體重、身高、年齡、性別輸入等資訊，更準確地顯示其在運動過程中的步數、距離、速度、卡路里。

不過，由於智慧手環沒有螢幕、可玩性不高，導致用戶黏性低下。可惜的是，Jawbone 沒能及時反思和轉型，高定價迫使自身在市場中處於不利之地——尤其是在小米 79 元的智慧手環發佈後。同時，由於資本對可穿戴市場的青睞，Jawbone 無暇顧及原本的藍牙音箱業務。最終，在 2016 年，Jawbone 轉讓無線音響、停產智慧手環。

除了 Jawbone，早期智慧手環市場的參與者還有 Misfit —— Misfit 以時尚的思維打造智慧手環，曾推出過 Misfit Shine 和 Misfit Ray 等可穿戴式裝置，最終在 2015 年被美國知名時尚品牌 Fossil 以 2.6 億美元收購。

此外，如今已經被 Google 收購的 Fibit 則是智慧手環領域的老牌強者——與其他身世起起落落的智慧可穿戴廠商相比，Fitbit 堪稱當時的王者，Fibit 頂住了巨頭 Apple 和 Google 的壓力，並且靠主打垂直的健康功能打出了一片天地。2013 年，Fibit 推出了價格低廉且測量精準的 Fibit Flex 系列產品，2014 年 Fitbit 的智慧手環出貨量就已達到了 1900 萬。直到 2015 年 6 月，Fitbit 在紐交所上市，成為可穿戴領域的第一股。並在隨後的兩年裡完成對 Pebble、Fitstar（健身應用）、Coin（移動支付）、Vector Watch（英國智慧手錶公司）等公司、項目的收購。

在中國，憑藉高性價比的智慧手環系列產品，小米從進入可穿戴市場的第二年（2015 年），就奪得中國第一的寶座。要知道，小米的第一款智慧手環，僅僅售價 79 元，幾乎是智慧手環市場的「價格屠夫」，秒殺了百元以上的幾乎所有白牌產品。整個產業鏈甚至對小米的低價策略，都心懷恐慌。

比如中國手環產品的標示性品牌 bong，在小米手環之後隔天發佈的 bong2 手環，價格從第一代的 699 元直接下挫到了 99 元。雖然創始人一度希望用「雞蛋碰石頭」的勇氣去應對小米，在產品形式上進行了多種嘗試，但終究還是出局。同樣隕落的還有發佈了社交手環的新我 Betwine 團隊。

從產品功能來看，不管是智慧手錶還是智慧手環，都與智慧型手機部分相仿，例如時間顯示、語音聊天、移動支付、收發短信、資訊查詢等。但這顯然不是其真正的價值，作為當下最貼近我們身體的消費電子設備，智慧手錶和智慧手環的未來發展方向在於進一步滿足用戶群體的醫療保健需求。

尤其是今天，智慧手錶和智慧手環在健康監測方面具備獨樹一幟的優勢，正隨著各種生物傳感技術的日漸成熟，智慧手錶和智慧手環可提供的健康資料越來越多、越來越詳細。此外，與醫療機構合作，打造更加專業的健康檢測功能也成為各個智慧手錶和智慧手環廠商的常見操作。

2.3 智慧耳機

在可穿戴市場，智慧耳機稱得上是半壁江山，尤其是 TWS 耳機（真無線耳機）。

如果我們稍微留意下四周就會發現，今天，佩戴無線耳機的人已經越來越多，可以說，無線耳機也是所有可穿戴式裝置中發展最快的品項。

無線耳機最早出現在 2014 年。那一年，全球首款真無線耳機 Dash 就以群眾募資的方式首次亮相，該款耳機出自德國真無線耳機製造商 Bragi，勵志成為「耳朵上的微型電腦」，並幾乎包攬了目前真無線耳機的所有熱門技術點。不過，在後續發展看來，Bragi 還是敵不過 Apple 以及 Jabra 等一眾廠商，最終在 2019 年 4 月宣佈退出硬體市場。

2017 年，國內外大廠基本都趁著智慧耳機的熱度，紛紛打造帶語音助手的真無線耳機、頭戴式耳機。到 2019 年，無線耳機已經是比較成熟的數位產品。相比有線耳機，無線耳機有更多的優勢和前景。隨著智慧生活的不斷演進，線上辦公、學習、娛樂、生活，已經成為常態，在未來，人類與數位的交互也將只增不減。以耳機為代表的智慧穿戴式設備，不再是一個偶爾被需要的配角，而是作為感官的延伸，成為人類捕捉資訊的重要觸手，參與我們的日常工作與生活，承擔著重要的職能。

當然，最火的無線耳機產品還是 Apple 的 Airpods 系列，在很大程度上，無線耳機的流行也是由 Airpods 開啟的。2016 年，在智慧手錶低迷的行情下，Apple 發佈首款真無線 AirPods，其分體式設計，配合 iPhone 手機形成的無縫體驗，迅速讓 AirPods 成為可穿戴行業的翹楚。2019 年，Apple AirPods 二代上線，新增語音喚醒 Siri、無線充電等功能，再次為業界帶來新的風向標。

今天，AirPods 系列已經更新到 AirPods Pro 二代藍牙真無線主動降噪耳機，除了基礎功能外，其最大的特點就是主動降噪。主動降噪的基本原理就是透過麥克風捕捉雜訊，並生成該雜訊的反相信號，然後與雜訊混合能達到降低雜訊聲壓的目的。在實際使用中，人耳對 20-500Hz 頻段的雜訊非常敏感，而這個頻段的雜訊，基本上無法透過耳套物理有效隔絕，所以主動降噪的比拼的核心頻段也是這段。

除了 Apple 的 Airpods 系列外，其他手機廠商如華為、三星、小米，以及老牌耳機廠商比如 Beats 耳機、EDIFIER 漫步者等在智慧耳機也都已經有成熟的產品。

不僅如此，當前，AI 大模型的加持，讓如智慧助理、健身追蹤和即時語言翻譯等諸多功能也不斷添加應用到智慧耳機中，比如，科大訊飛 iFLYBUDS Nano+ 就引入了生成式 AI —— AI 助手 VIAIM。

在入耳式無線耳機不斷發展的同時，一種名為開放式可穿戴（OWS）的新型智慧耳機迅速崛起。從原理上來說，OWS 與 TWS 的主要差異在於發聲單元的設計。OWS 的核心特點是採用了開放式結構，這意謂著在使用耳機時，耳機不會深入到用戶的耳道中。從產品形態來看，目前 OWS 主要有耳掛式和夾耳式兩種，還有部分產品以音訊眼鏡的形式出現。

耳掛式 OWS 透過其弧形的耳掛結構懸掛在耳朵的外上側，展現出良好的穩定性，並且具備更大的體積以容納各種元件。這使得主流的 OWS 耳機多數採用此種形態，例如 Shokz 的骨傳導耳機。

耳夾式 OWS 的結構更為緊湊，其支架通常採用柔軟且有彈性的材質。這種設計對佩戴眼鏡的使用者非常友好，產品與眼鏡架之間不易產生衝突。一個典型的例子是華為全新推出的 FreeClip。

此外，音訊眼鏡也可以視為 OWS 的一個分支。其典型的產品包括米家音訊眼鏡、Bose 智慧音樂眼鏡和華為智慧眼鏡 2。

2.4 智慧眼鏡

提及可穿戴式裝置，智慧眼鏡絕對是個無法忽視的話題。很大程度上，可穿戴市場就是由Google的智慧眼鏡點燃的，儘管後來，Google眼鏡還是退出了市場，但Google眼鏡給可穿戴式裝置和智慧眼鏡市場帶來的震撼和震動卻是毋庸置疑的。

目前的智慧眼鏡市場，主要是透過把智慧音樂與眼鏡的形態相結合，並為其配置獨立的作業系統，使之兼具兩者的功能，即能夠用於時尚裝飾，又具備了開放式的音訊使用體驗。但這僅僅是各家廠商在智慧眼鏡方向的開端，隨著技術的不斷發展，智慧眼鏡更重要的技術趨勢，則是將逐漸與視覺進行聯動，實現AR擴增實境的功能，提供更豐富的應用。

2.4.1 智慧音樂眼鏡

智慧音樂眼鏡方面，雖然智慧音樂眼鏡還只是智慧眼鏡的開端，但目前已有眾多廠商開始佈局市場，從而能夠在未來的智慧眼鏡競爭中佔據有利地位。其中BOSE、亞馬遜、華為、Shokz等品牌已經推出迭代產品，雷柏、雷蛇等品牌也推出了旗下的首款智慧眼鏡產品。

比如，亞馬遜Echo Frames 2nd Gen二代可以直接無線連接到佩戴者的智慧型手機上，相較於上一代，在續航方面有所提升，擁有4h的連續播放時間；支援倒數三秒鐘自動關閉功能；回音框功能，可以根據周圍環境噪音水準自動調節音量大小；以及VIP篩選器自訂接受的消息通知。亞馬遜 Echo Frames 2nd Gen 二代在音質也有了改善，亞馬遜承諾在音樂和 Alexa 的回應中提供更豐富、更飽滿的聲音；只需詢問 Alexa，即可撥打電話、設置提醒、添加待辦事項、獲取新聞、收聽 Podcast 或控制您的智慧家庭；除官方 Alexa 語音助手之外，還支援 iOS 和 Android 智慧型手機上的本地語音助手；並且為了保護隱私，按兩下操作按鈕即可完全關閉麥克風。

圖 2-1　亞馬遜 Echo Frames 2nd Gen 二代

Bose 智慧音樂眼鏡外觀與普通太陽眼鏡並無太大差異，但設計上更潮流簡約，鏡片可更換，轉軸部分又為鍍金材質，整體樣式給人高級時尚的感覺。Bose 智慧音樂眼鏡透過 Bose 先進的定向發聲技術，開放式的揚聲器也能將聲音精準集中地傳遞給佩戴者，讓用戶的收聽體驗得到進一步增強。內部搭載了高通 CSR8675 頂級藍牙音訊 SoC，支援 24 位音訊廣播和 aptX HD 音訊格式，為 Bose 智慧音樂眼鏡的音質輸出提供優良保障。

圖 2-2　Bose 智慧音樂眼鏡

華為 HUAWEI X GENTLE MONSTER Eyewear II 智慧眼鏡在外觀設計上相較於上一代產品變化不大，主要改變是眼鏡盒從包狀更改為了盒狀，取消了充電盒內建電池。相應措施採用了 NFC 無線快充技術，降低充電時間，提升短時間內快速充電的能力。眼鏡電池續航時間也得到大幅度提升，整體續航提升了一倍，能夠支持 5 小時續航。

其他較大的改變則是在主控晶片和揚聲器單元上，HUAWEI Eyewear II 智慧眼鏡由上代 BES 恒玄 2300 藍牙音訊 SoC 替換為了華為自研海思 Hi1132 主控晶片，藍牙版本也升級到了 5.2；揚聲器採用了 128mm² 定制振膜，逆聲場聲學系統加持，有效降低了 Eyewear II 漏音情況，提升佩戴使用體驗。

圖 2-3　華為 HUAWEI X GENTLE MONSTER Eyewear II 智慧眼鏡

2.4.2 AR 智慧眼鏡

除了智慧音樂眼鏡外，AR 智慧眼鏡方面，Apple、Facebook、OPPO 等品牌也都已經開始進行 AR 智慧眼鏡項目。

很多人都知道虛擬實境（VR）技術，即一種完全沉浸式的技術，用戶看到的都是虛擬環境。這使得 VR 本身不具備強移動性——使用者需要確保所處環境的安全，從而在非常有限的距離內移動，以避免撞到牆壁等物體或摔倒。但擴增實境（AR）技術不同，AR 擴增實境是一種即時地計算攝影機影像的位置及角度並加上相應圖像的技術，是一種將真實世界資訊和虛擬世界資訊「無縫」整合的技術。由於 AR 將數位物件和資訊疊加在現實世界之上，因此 AR 對用戶的切實價值主要體現在移動場景。例如，當用戶身處陌生環境，AR 可以幫助使用者獲得更多周邊環境資訊，使用者還可依靠 AR 導航指引前往目的地。這使得 AR 能夠與行動網路完美結合。智慧音樂眼鏡便是處於 AR 眼鏡的前一個階段，首先解決了開放的立體式音訊問題。而真正到達商用的可攜式 AR 智慧眼鏡階段，對於電子科技產品的交互使用體驗將產生翻天覆地的變化。

Google 眼鏡其實就是一款 AR 眼鏡，從技術原理來看，Google 眼鏡採取的是 OST（optical see-through）方案，即讓物理世界以光學透視的方式進入人眼，並透過設備上的光機疊加數位資訊，從而實現擴增實境的效果。AR 的本質是虛實融合，OST 以高穿透率的光學方案，讓虛擬畫面直接投映在現實世界中，可以大幅減少對設備的延遲、座標定位、感測器、運算能力、功耗等方面的要求。顯然，與帶著笨重的頭戴式顯示器相比較，OST 才是 AR 的最佳解決方案。

除了 Google 眼鏡外，此後包括微軟的 HoloLens，以及明星創業項目 Magic Leap，也沿用了這個方案。微軟於 2015 年正式發佈了 HoloLens。HoloLens 具有高清全息圖像、環繞音效，語音 / 手勢操作等功能，給人耳目一新的 AR 體驗。從 2015 年至今，HoloLens 曾經面臨停產，微軟也同樣做出了專注行業應用的決定。直到 2019 年 2 月，微軟將 HoloLens 更新至第二代。至今為止，HoloLens 系列都還是 AR 眼鏡領域的標杆。

此外，基於 OST 方案的 AR 眼鏡還有雷鳥旗下的雷鳥 X2 和雷鳥 X2 Lite。雷鳥 X2 是雷鳥創新 2023 年發佈的產品，也是全球首款量產和發售的雙目全彩 MicroLED 光波導 AR 眼鏡，它能實現超過 85% 的鏡片透光率、1500 nits 的峰值入眼亮度，和 3D 全彩顯示，即便在晴朗的室外，也能清晰顯示內容。而雷鳥 X2 Lite，是 X2 的迭代版，整機的輕量化有了全面提升。全彩光引擎經過新一輪極限縮小，重量降低了 30-40%，結合波導設計、材料創新上的突破，以及全新的工業設計，雷鳥 X2 Lite 的整機重量從前代的 119g，降低到了 60g 左右。這個重量已經低於很多時尚板材眼鏡，對用戶來說，則意謂著它可以實現全天候的無負擔配戴。

與此同時，目前搭載 AR 擴增實境技術的 AR 智慧眼鏡 Apple、華為、三星、微軟、Facebook、OPPO 等眾多品牌廠商都在積極地探索。但相較於智慧音樂眼鏡，由於技術難度，以及在體積重量上的限制，目前多還處於研發和概念階段，無法真正的做到如普通眼鏡一樣的便攜佩戴使用。

其中，Apple AR 眼鏡最為受到市場的關注。早在 2018 年，就有外媒爆料有著名分析師發表報告預測 Apple 最遲將於 2021 年發佈被稱作「Apple 眼鏡」（Apple Glasses）的擴增實境眼鏡。在 AR 設備研發方向，Apple 已經申請了幾十項的軟硬體專利，目前 Apple 的許多技術和功能也被視為是為 AR 設備鋪路的鋪墊，例如 AirPods 的空間音訊技術、iPhone / Apple Watch / HomePod 等設備上的 UWB 超寬頻晶片、iPhone 系列和 iPad Pro 的 LiDAR 雷射雷達掃描器等。

2023 年，Apple 還重磅推出了混合實境（MR）頭戴式顯示設備—— Vision Pro。根據發佈會介紹，這款「空間計算」頭戴式顯示設備，配備了 4K 顯示器，可以讓用戶透過錶盤在 VR 和 AR 之間自由切換。除了 Apple 上一代 M2 晶片外，Vision Pro 還搭載了專門定制的 R1 處理器，以及 16GB 的統一記憶體。並且在全新的 visionOS 作業系統加持下，使用者可以僅憑眼睛、手或語音，進行操作—— Vision Pro 可以直接在空中投出 Mac 的螢幕，如同一個用於多工處理的可攜式顯示器，同時，iPhone、iPad 上的應用程式、照片、影片，也都可以隨意觀看了。

隨著 Apple 越來越多相關專欄、產品的公佈，Apple 的 AR 眼鏡也呼之欲出、指日可待，屆時，就像多年前，Apple 智慧手錶的發佈一樣，將給智慧眼鏡市場帶來再一場全新的顛覆。

Facebook 也在 2020 年向外界爆出正在研發的 VR 虛擬實境眼鏡，與現在的 VR 眼鏡「笨重」的外觀有著很大的不同，形態類似市面上的太陽眼鏡。據介紹，這款眼鏡鏡片厚度不到 9 mm，利用了全息影像（holographic optics）等技術，並表示，目前的工作僅處於純研究性階段。

三星在 AR 智慧眼鏡上也在一直處於探索階段，此前，三星 AR 智慧眼鏡的兩段宣傳影片被曝光，影片中展示了三星 Glasses Lite 擴增實境眼鏡的一些功能，包括投影螢幕觀影、遊戲、辦公，以及與手機、無人機等設備互聯，充當顯示器功能；另外一個影片則是展示了三星 AR 眼鏡的未來應用場景，現實與虛擬映射相結合，實現虛擬實境場景、虛擬影像通話等功能。

2.5 智慧頭戴式顯示器

2012 年 8 月 1 日，一款對當時來說幾乎稱得上科幻的虛擬實境（VR）頭戴式顯示器 Oculus Rift 被 Oculus 公司擺上了群眾募資平台 Kickstarter 的貨架，等待大眾投資者前來「臨幸」，其群眾募資宣言是「從此徹底改變玩家對遊戲的瞭解」，從後來看這款設備在遊戲領域的表現，可以知道它並未讓人失望。

Oculus Rift 是一款專門為電子遊戲設計的虛擬實境頭戴式顯示器，它以其獨特的功能瞬間俘獲了大眾的心，僅 1 個月的時候，就獲得了 9000 多名消費者的支持，收穫了 243 萬美元群眾募資資金，為其後續的開發、生產累積的第一筆資金。

Oculus Rift 設備配備了兩個目鏡，每個目鏡的解析度為 640×800，雙眼的視覺合併之後擁有 1280×800 的解析度。這款設備最大的特色是具有陀螺儀控制的視角，因為這將大幅度提升遊戲的沉浸感。Oculus Rift 虛擬實境眼鏡可以透過 DVI、HDMI、micro USB 介面連接電腦或遊戲機。

2014 年 3 月 26 日，Facebook 宣佈，以約 20 億美元的總價收購沉浸式虛擬實境技術公司 Oculus VR，借此正式進入可穿戴式裝置領域。

今天，Oculus 品牌已經成為 VR 智慧頭戴式顯示器當之無愧的巨頭。根據 Steam 平台公佈的資料，2021 年 3 月份 SteamVR 前四大品牌分別為 Oculus、HTC、Valve 及微軟 WMR 系，Oculus 以高達 58.07% 的佔有率穩居榜首，其中 Oculus Quest2 上市後市占率飆升，2021 年 2 月加冕 Steam 平台第一大 VR 頭戴式顯示器，3 月強勢不減，佔有率繼續擴大至 24.25%，連續兩個月霸榜 SteamVR 最活躍 VR 設備。作為 Facebook 最新一代 VR 一體機，Oculus Quest2 上市即表現不俗，2020 年 9 月發佈之初預定量就達初代 5 倍，據 Facebook Reality Labs 副總裁 Andrew Bosworth 稱，發售不到半年時間，累計銷量就已經超過歷代 Oculus VR 頭戴式顯示器的總和。

類似於 Oculus 的虛擬實境頭戴式顯示器，還有 HTC 聯合 Valve 開發 VR 頭戴式顯示器，HTC 的 VIVE 系列是由 HTC 與 Valve 聯合開發的 VR 頭戴式顯示器，第一款開發者版本 VIVE 在 2015 年的 MWC 上發佈，消費者版本於 2016 年正式開始銷售，根據 Steamspy 資料，該款產品發行 3 個月後銷量接近 10 萬台。

另外，2022 年 9 月，字節跳動也發佈了旗下首款 VR 頭戴式顯示器 PICO 4，PICO 4 是 PICO 加入字節跳動後的首款旗艦 VR 產品，使用者期待著其能帶來更好的 VR 體驗，上下游供應商們則期待著 PICO 4 能夠推動 VR 行業向前，而 PICO 自己也期待著這款產品能夠打入全球市場。諸多因素加持，PICO 4 的一舉一動都備受矚目。在新品發佈會上，PICO 創始人周宏偉共帶來了兩款消費級產品，PICO 4 和 PICO 4 Pro。兩款 VR 頭戴式顯示器均搭載 Snapdragon XR 2 平台，並採用折疊光路 Pancake 方案，續航智慧瞳距調節和裸手追蹤。而兩款設備的最大不同之處則在於，PICO 4 Pro 相比 PICO 4 在頭戴式顯示器內側增加了 3 顆近紅外攝像頭，可以自動瞳距調節、眼動追蹤和面部追蹤等功能。

此外，索尼、三星在智慧頭戴式顯示器領域也皆有佈局。不過，目前的智慧頭戴式顯示器更多地還是為遊戲領域而開發。但隨著進一步的發展，虛擬實境技術在其他領域也逐漸顯示出獨一無二的優勢，比如醫療領域。虛擬實境技術的優越性就在於它能夠利用電腦和專業軟體構造一個虛擬的自然環境，這個環境可以幫助醫生進行疾病的診斷、康復訓練等一系列真實的培訓。比如在培訓時，醫生可以預先將病例編入一個模擬人，進而這個模擬人就會根據醫生正確或者錯誤的操作，自動作出虛擬的對應反應。

可以說，VR 頭戴式顯示器讓我們得以虛擬地處在肉身無法企及的地方，真實地感受超越空間、時間、介質的體驗。在我們在帶上 VR 頭戴式顯示器的那一刻便開始逐漸進入另一個世界，甚至變成那個世界裡的人。當然，虛擬實境技術未來的發展空間遠不只在遊戲領域，而是會滲透到各個領域，特別是在醫療、旅行等領域發揮越來越深刻的作用。

2.6 智慧戒指

作為結合了健康穿戴和空間交互的新物種，智慧戒指正在成為當前消費電子市場的新寵。在可穿戴巨頭紛紛發佈，蘋果三星蓄勢待發，XR 廠家謀篇佈局的態勢下，智慧戒指這款消費產品越來越多的呈現在大眾視野中，其代表性的產品有 Oura Ring、Ultrahuman Ring AIR 和 Luna Ring 等。

2.6.1 Oura Ring

Oura 於 2013 年成立並在 Kickstarter（美國最大的群眾募資網站）順利完成了群眾募資，2015 年發佈第一代 Oura Ring，至今已推出共計 3 代 Oura Ring 戒指。Oura Ring 旨在幫助用戶激發內在潛能，建立起健康意識和更加健康的生活方式，最早的三位聯合創始人都是工程師、設計師和資料科學家背景。

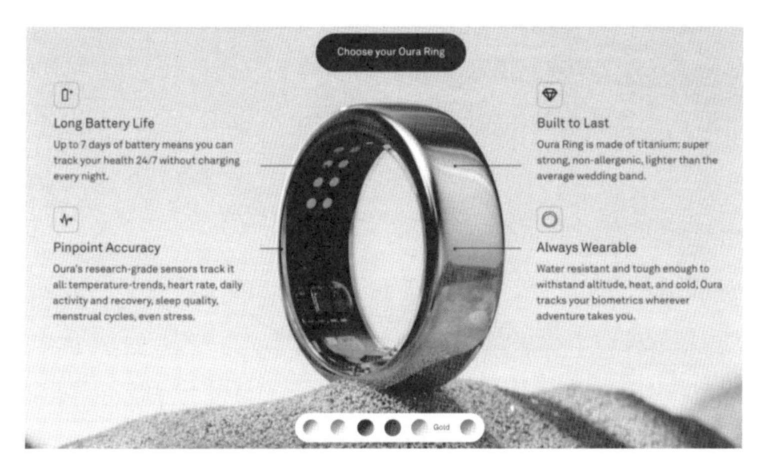

圖 2-4 Oura Ring

2020 年，Oura Ring 機緣巧合下為一名用戶預警新冠的故事受到了 NBA 的注意並成功與 NBA 達成了官方合作，NBA 為參加複賽的工作人員和運動員購入 2000 個 Oura Ring，Oura 為 NBA 球員提供新冠病毒感染預警和其他身體指標檢測功能，幫助球員改善睡眠品質，以更好的狀態備賽。該次合作前，Oura 的名氣基本只局限於矽谷精英圈，而與

NBA 合作後，直接讓 Oura 在體育圈走紅並進入大眾視野。同年，Oura 相繼與 WNBA（美國女子職業籃球聯賽）、UFC（終極個度冠軍賽）、F1 賽車錦標賽紅牛車隊、MLB（美國職業棒球聯賽）西雅圖 Mariners 球隊建立合作關係。幫助 Oura 提高了知名度、擴大影響力，同時 Oura 也在為運動選手提供服務的過程中不斷精進傳感和監測技術。此後，Oura 的發展便一路綠燈。

2022 年，Oura 與奢侈品牌 Gucci 發行了聯名款智慧戒指，以 Oura Ring 第三代為基礎，結合 Gucci 的外觀設計，本次合作賦予了可穿戴智慧設備 Oura Ring 更多時尚屬性。同時，Oura 入駐日本電訊公司 SoftBank 線下門市和電商平台，這種線上線下聯動行銷的方式能帶給顧客直觀的使用體驗，讓線上商品「看得到、摸得著」。此外，谷愛凌，威廉王子等名人競相佩戴，行銷主戰場 Youtube 上知名網紅 Unbox Theraphy 的開箱影片收貨了超百萬的瀏覽。多種管道加持之下，10 個月時間 Oura 就賣了 50 萬枚戒指，累計出貨量超過了 100 萬枚。

Oura Ring 內建在戒指中的感測器包括：PPG 感測器，溫度感測器，3 軸加速度計，主要能實現的健康功能集中在睡眠、心率血氧、體溫、運動四大指標上。睡眠是 Oura Ring 的主打功能，可以根據不同的睡眠階段（輕度、深度、快速眼動睡眠）所佔用的睡眠時間，幫助用戶提升睡眠品質以達到更好的生活狀態，比智慧手錶更佳的夜間佩戴體驗讓其成為名副其實的「指上睡眠實驗室」。

2.6.2 Ultrahuman Ring AIR

Ultrahuman 成立於 2019 年，由一群生物技術「駭客」創立，透過密切觀察尖端技術如何幫助運動員提高表現，創始團隊萌生了利用演算法和生理特徵來監測健康、改善新陳代謝的想法。團隊成員都是連續創業者，立志於改善人們的健康狀況，已經得到了全球頂級風投公司 Alpha Wave 等的支持，並與 5 國的製造商和物流企業達成合作。Ultrahuman 在 2020 年 12 月完成 760 萬美元的 A 輪融資，2021 年完成 1750 萬美元的 B 輪融資。在 2022 年 4 月，Ultrahuman 收購一家可穿戴公司 Lazyco 來擴展生物可穿戴式裝置領域。2022 年 9 月，Ultrahuman Ring 在 Kickstarter 上上線，獲得巨大成功，籌集資金超過 50 萬美元，超過其融資目標的 1091%。訂單量為 2500 枚，已發貨 90% 以上。

Ultrahuman Ring AIR 是由印度健康科技公司 Ultrahuman 推出的新款穿戴式裝置，名字裡帶 AIR，自然賣點就是輕便。與 Oura Ring 相 比，Ultrahuman Ring AIR 在佩戴舒適度上下了不少功夫。外圈由純鈦製成，表面塗有碳化鎢，防止刮花。結構緊湊、無缺口、超薄，內圈光滑沒有凸包，確保全天和夜間無與倫比的舒適度。Ultrahuman Ring AIR 一共有 4 款顏色紫菀黑、啞光灰、仿生金和太空銀，尺寸比 Oura 多了 5 號和 14 號兩個號，厚度 2.45-2.8mm，由於材料選擇以及結構設計的優化，重量在 2.4-3.6 克（圖 2-5）。

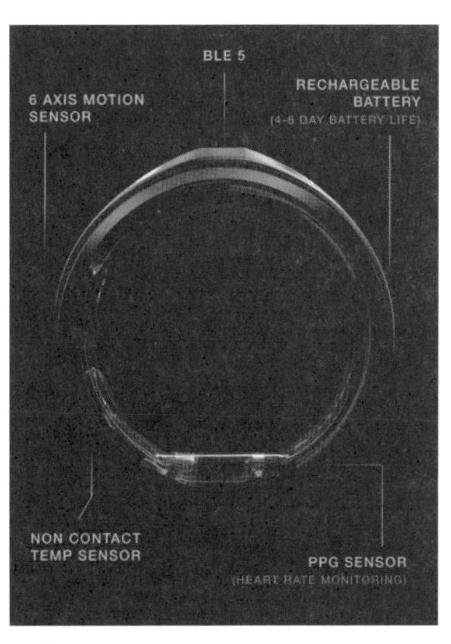

圖 2-5　Ultrahuman Ring AIR

Ultrahuman Ring AIR 內建在戒指中的感測器幾乎與 Oura 一樣，區別是它的 PPG 採用了單通道感測器，而側重健身應用的考慮用六軸取代了三軸加速度計。

作為以 CGM（連續血糖監測儀）起家的公司，Ultrahuman 首席執行官兼聯合創始人 Mohit Kumar 表示，如果戒指的使用者同時佩戴 Ultrahuman 的 CGM M1，那麼戒指的感測器所收集的資料將與即時葡萄糖水平聯繫起來，使葡萄糖變化與「高壓力、睡眠不佳、低活動水準」等誘因產生可調節的聯繫。相比其他智慧戒指產品，Ultrahuman Ring AIR 最大的特點是可與 UltraHuman M1 聯動使用，幫助用戶將血糖變化歸因於睡眠、壓力、運動等多方面的生理指標，並獲得最適合自身的飲食、睡眠以及運動量，做到「正向多維度分析 + 反向健康建議提醒」，對血糖實現精準、針對性地控制。這使該戒指相較其他可比產品具有差異化優勢，跳出健康 / 健身追蹤的範疇，給簡單的生理數據賦予實際醫學價值。

2.6.3 Luna Ring

Noise 成立於 2014 年，創立的使命是向印度人普及網際網路時代的生活方式。成立之初的 Noise 專注於手機周邊的市場開發，主要銷售手機外殼和配件。在 2018 年，Noise 開始銷售智慧手錶和 TWS 藍牙耳機。憑藉著低成本，低售價的經營模式，在短短的四年之後，它見證了 17 倍的增長，並將其業務擴展到 8000 多個印度本土實體店，連續五個季度在智慧手錶市場中保持領先地位。

Luna Ring 是由 Noise 公司推出的新款穿戴式裝置，Luna Ring 外環採用航空級鈦合金材質打造，表面採用耐腐蝕、抗刮擦的類金剛石塗層（DLC），內環則採用的是對皮膚友好的低過敏性材質。

這款新版可穿戴式裝置堪稱第二層皮膚。針對各種皮膚類型，Luna Ring 設計了低致敏性光滑內壁，並在外壁設計了指向性邊緣，以引導用戶佩戴。Luna Ring 內建在戒指中的感測器光學心率感測器、紅色 LED（血氧感測器、PPG）感測器、皮膚溫度感測器、3 軸加速度計。Noise 聲稱 Luna Ring 可以追蹤 70 多種生物識別信號（圖 2-6）。

圖 2-6　Luna Ring

2.7 智慧服飾

其實，觀察目前的可穿戴市場，我們會發現，可穿戴式裝置大多數還只是停留在「戴」的領域，所有的設計無外乎圍繞著智慧手錶、智慧手環、智慧眼鏡智慧戒指、等展開，而在「穿」的領域，成熟的消費級可穿戴產品則較少。

要知道，手環戒指可以不戴，但是衣服卻不能不穿，這是一個具有絕對需求的市場，在這樣的情況下，未來，透過發展智慧衣物，增強對人的保護性能，智慧服飾或將成為可穿戴式裝置的下一個「熱銷產品」。目前，已經有許多智慧服飾陸續誕生，比如 Polar Team Pro 運動衣、Lumo Run 智慧短褲、Nike 可自動系鞋帶的運動鞋等等。

具體來看，Polar Team Pro 運動衣為了符合專業運動員的使用習慣，採用了無袖的設計。襯衫的內部縫合了運動感測器，並被嵌入織物當中，很薄且不會引人注意。使用者不需要佩戴腕帶或者胸前監測設備便可隨時隨地掌握健康資料。Polar Team Pro Shirt 在後部設計放入了一個帶有 GPS 的小型感測器，用於確定運動員的速度、距離和加速度。與此同時，官方還專門打造了一個 iPad 應用，可以即時顯示資料，讓教練可以隨時掌握每位運動員的狀況，並根據他們的身體變化來及時調整訓練計畫。

自 2010 年以來，來自 NBA、NHL、MLB 和 NFL 的專業團隊以來一直使用 Polar 團隊訓練系統。這套系統可以完美地幫助教練對所收集資料來評估訓練等級，並正確地對運動員規定非季節性訓練量，建立有效的效果參數，並有效地監控訓練營期間的工作量。

Lumo Run 智慧短褲由美國加州的 Lumo 公司推出，配置了一系列的感測器，透過追蹤臀部和骨盆的動作，可以收集到有用的資料，透過在短褲上可以在用戶跑步的過程中追蹤步長，步數以及彈跳高度，可以對用戶整體的跑步表現以及預防受傷提出即時的建議。Lumo Run 還在褲腰帶內嵌入了九軸慣性測量單位和低功耗的藍牙模組。藍牙模組的作用是收集資料並將資料分享給配對的智慧型手機 APP。APP 會評估資料，然後透過耳機播放如何可以更加有效地跑步並且防止受傷，當用戶完成相關指示後，還會聽到總結。但若是用戶將手機遺落在家中，這款設備也可以提供跑後分析，透過收集相同的資料以及你返回家中後同步資料。

Hexoskin 也是智慧運動服裝裡著名的產品。Hexoskin 運動背心整合了多種生物感測器，每分鐘能收集 42000 個資料。在白天 Hexoskin 可以測量心率、心率變化 / 恢復、步數、卡路里消耗和呼吸等資料；而到了晚上，它還能追蹤睡眠和環境，包括睡覺的姿勢，以及心跳和呼吸活動。所有資料會透過藍牙同步到配套的應用程式當中，或者是線上上傳，以供遠端教練即時查看。

韓國電子巨頭三星也佈局了智慧服飾，其專案被稱為 The Humanfit，旨在整合時裝設計和相關技術。Smart Suit 40（智慧西裝）的出現伴隨著其它三個產品一起，其中一個是智慧包包 On Bag，這個錢包內建有電池模組，可以連接智慧型手機進行無線充電；其二 Body Compass 是一個配備有心電圖感測器的襯衫，可以追蹤佩戴者的心率和呼吸；第三 Perfect Wallet 則是一個內建 NFC 功能的錢包和卡盒，透過手機的 APP 應用可以實現各種的 NFC 功能。當人們穿著這款西裝時，透過專屬的應用程式和平台，這款智慧西裝可以實現各式各樣有用的功能，並且可以根據使用者需求來進行個性化設置。

此外，還有瑞典發熱襪專門品牌 Seger 與瑞典創新公司 Inuheat 聯合推出 Serger Heat 發熱襪。襪子經過優化，適合高山滑雪遠足或狩獵。電池將磁性支架連接到襪子的襪口下方，熱量可透過智慧型手機或直接在電池上單獨調節，續航時間長達 14 小時；以及可記錄即時心率、靜息心率和心率變異性的 Skiin 內衣等等。

2015 年，Nike 發佈可自動系鞋帶的運動鞋，這一系列隨後逐年升級，不僅可以監測運動資料，還能即時根據穿戴者的運動情況來自動調整鞋帶的鬆緊度。2016 年，安踏也與富士康合作，推出首款智慧跑鞋——芯跑鞋。主打全方位跑姿監控，可科學測試足部翻轉、著地方式、受力大小、騰空高度、步幅、著地時間等，幫助消費者全方位瞭解自己的跑姿，及時矯正，避免運動扭傷。

除了運動健康功能，一些智慧服飾還能夠預測疾病。2012 年，美國內華達州里諾市的「第一次預警系統」公司推出了一款女性智慧內衣，旨在幫助女性提前預估乳腺癌的風險。根據 2020 年世界衛生組織的資料，在全世界的新發癌症病例中，乳腺癌占比 11.7%（大約有 230 萬例乳腺癌病例），首次超過了肺癌的新增病例數，成為全球主要新發的癌症類型。而這款「預防乳腺癌」的智慧內衣，可以透過內建感應器，從而預測乳房內是否有可疑腫塊。

在技術層面，這款內衣的原理並不複雜：由於人體內的癌細胞通常會導致血管異常，從而使身體相應部位出現溫度變化，因此，這款內衣透過細微的溫度感應、記錄，然後經一系列的科學計算，從而得出預測結果。公司的實驗顯示，這款智慧內衣預測乳腺癌的準確率要高於醫院的 X 光檢查，除此之外，還能將乳腺癌的確診時間提前 6 年，為乳腺癌患者爭取更多的治療時間。

2.8 更加多樣化的形態

目前，大部分可穿戴式裝置的形式都是以手腕上手錶或者手環為主，這顯然還未完全開發可穿戴式裝置的潛力。

從根本上來看，可穿戴式裝置就是感測器穿戴，而智慧手錶、智慧手環、智慧眼鏡、智慧戒指、智慧衣服等都只是可穿戴式裝置領域發展初期的產品形態。

未來，隨著新型感測器的不斷出現，多樣化的形態才是可穿戴式裝置發展的大趨勢。一些可穿戴式裝置甚至能毫無察覺地完全融合進用戶的身體，自然而然地成為人體的一部分。

比如，西安交通大學生命學院仿生工程與生物力學研究所研究人員就曾開發了一種由水凝膠微針貼片製備的智慧紋身，用於多種健康相關生化指標的同時監測。這個智慧紋身的製備模擬了紋身的形成過程，使用可溶性微針貼片作為「紋身槍」，將作為「紋身墨水」的顯色試劑釋放至皮下進行檢測。

再比如，時下大熱的非侵入式腦機介面。基於非侵入式腦機介面的可穿戴式裝置使得人們能夠直接與電腦或其他外部設備進行腦波信號的交互，而無需使用傳統的物理輸入裝置，這就讓我們能夠以更加直觀和自然的方式操控設備。可以說，非侵入式腦機介面的無感知融合讓可穿戴式裝置更加貼近我們的生活和身體。相較於傳統的戴在身體表面的設備，比如手錶或眼鏡，腦機介面可以更深度地融入我們的日常生活，甚至完全隱藏在我們的髮型或衣物中。這種無感知的融合讓可穿戴式裝置不再是外部的附加物，而更像是我們身體的一部分。

另外，當下大部分的可穿戴式裝置還只是作為智慧型手機的一個附件而存在，需要藉助藍牙或者 WiFi 等無線通訊技術在二者之間進行基本的資訊傳遞。比如一些智慧手環，從使用者身上獲得資料後，往往只能透過手機端的 App 才可以查看，這就在很大程度上限制了可穿戴式裝置的使用範圍。

但未來，隨著相關技術的演進和迭代，可穿戴式裝置的存在逐漸被賦予更多意義，使其不再需要智慧終端機設備作為支撐，成為真正獨立的可穿戴式裝置，逐漸融入我們的日常生活，甚至與其他設備和系統實現更緊密的整合。以智慧手錶為例，過去，基本上離開了手機的智慧手錶，就只剩下手錶的功能，我們無法查看更多的資料，更難以對資料進行分析，但今天，基於 eSIM 智慧手錶的獨立屬性已經越來越明顯，即便是脫離手機，也完全不會影響 eSIM 智慧手錶的使用。這也滿足了兒童手錶、老年手錶對獨立通訊的需求。根據紫光展銳公開的資料顯示，eSIM 智慧手錶的銷量占總智慧手錶的銷量的比例從 2021 年的 17% 提升至 2023 年 Q3 的 23%。並且，隨著藍牙、UWB 技術的迭代，智慧手錶與智慧汽車、智慧門鎖等終端設備互聯趨勢明顯。在藍牙技術方面，有藍牙車鑰匙、遠端開車門等應用。在 UWB 技術的應用上，目前 Google 發佈的 Pixel Watch 2 搭載了 UWB 技術，能夠用於追蹤其他設備。

展望未來，或許還會出現更多既具有獨立性又能和其他智慧系統整合的可穿戴式裝置。比如，未來，智慧服飾可能與智慧家庭系統的連接，這樣一來，智慧衣服內嵌的感測器可以監測用戶的生理指標、活動水準等資訊，並將這些資料傳輸到智慧家庭系統中。透過這種協同工作，我們能夠實現更智慧化的生活，包括智慧調節室內環境、提供個性化的健康建議等。這種全面的整合不僅提高了設備的實用性，還使得可穿戴式裝置在使用者的日常生活中扮演著更為重要的角色，成為生活的一部分。

另外，今天，大部分的可穿戴式裝置應用領域也還比較狹窄，功能堆積，同質化嚴重，一般都只是停留在告訴人們每天消耗的熱量、運動時心率多少、血壓、血氧等，但可穿戴式裝置能給我們帶來的顯然不止於此。

比如，2022 年 9 月，斯坦福大學的研究團隊就研發出一款可以「即時監測腫瘤大小」的可穿戴式裝置，從而及時監測患者的癌症治療效果。設備採用了「FAST 感測器」(透過在苯乙烯 - 乙烯 - 丁烯 - 苯乙烯滴鑄層的頂部沉積 50 nm 的金層支撐)，由於這種感測器非常靈活、易於拉伸，因此，這個小型設備可以被直接黏在用戶的皮膚上，並且隨著腫瘤體積的動態變化而發生相應的擴張或收縮。只需要按一下按鈕，感測器就能夠將即時資料傳送到手機的應用程式裡。上一次的癌症治療是否有效？可以很快得到答案。與此同時，智慧可穿戴式裝置還在各式各樣的慢性病領域進行探索，包括皮膚癌、哮喘、阿茲海默症等等。

再比如，今天，隨著人工智慧大模型的突破，越來越多靈活的智慧可穿戴也相繼誕生。2023 年 11 月 10 日，備受矽谷關注的美國初創企業 Humane 推出了 AI Pin。這是一款帶鐳射投影儀的可穿戴相機，能將顯示介面投射到手掌上，配備了與 ChatGPT 一樣敏銳的虛擬助手。正如 Pin（別針）所暗示的，它可以固定在衣服上，像無線耳機或智慧手錶一樣隨時貼著身體。這款設備售價 699 美元，每月訂閱費用 24 美元，可訪問網路和其他服務。AI Pin 設備在科技界引起了不小的震動，這不僅是因為它的無螢幕設計，更是因為它所代表的一種全新的人機交互理念 , 從提出複雜的問題到撥打電話和發送短信，所有這些都只需要我們的聲音即可完成。同時，內建攝像頭可以識別事物並提供上下文資訊，例如食物的卡路里估算。每當 Pin 的攝像頭、麥克風或輸入感測器處於活動狀態時，名為「信任燈」的顯著隱私指示燈就會亮起，以確保周圍的每個人都知道它何時正在收聽或錄音。如果我們需要視覺效果，微型投影儀可以將它們直接投射到我們伸出的手掌上。

就宏觀角度而言，當前的可穿戴式裝置基本上還只集中在消費領域，但實際情況是它可以為人類做更多的事，給我們帶來更多意想不到的驚喜。

CHAPTER

3 可穿戴的未來

3.1 可穿戴式裝置發展的四大階段

從嚴格意義上而言，可穿戴式裝置可以劃分為四個階段：

第一階段為人體生命跡象資料化；

第二階段則是成為物聯網的控制中心；

第三階段是人體感官功能的拓展；

第四階段則是融合或取代人體器官。

從整個可穿戴式裝置產業來看，目前我們還只是停留在第一階段，也就是關於對人體生命跡象資料化這個階段的探索。當然，即便是第一階段，也經歷了漫長的發展。在過去很長一段時間，可穿戴更多的只是採用了具有感知、識別能力晶片，透過晶片採集記錄人體機能的相關資訊並透過連接智慧型手機傳輸到電腦等其他智慧終端機。可穿戴式裝置更像是一個特定資訊採集的硬體終端，可穿戴式裝置中的「智慧」更像是「偽智慧」；它的價值更多體現在讓我們更方便及時地瞭解我們自己。不過，今天，在人工智慧、物聯網、雲端運算和大數據技術的發展下，可穿戴式裝置不僅僅是一個採集人體特定資料資訊的硬體終端，還具備藉助雲端的資料資訊儲存和分析對使用者提供資料分析與個性化顧問建議，及與用戶進行交互的功能，可穿戴式裝置由「偽智慧」日益走向「智慧化」，它的價值不僅體現在方便及時地告訴我們是怎樣，同時告訴我們應該怎樣，或者直接幫助我們付諸行動。

可以預見，在正在到來的 2024 年，整個可穿戴式裝置產業的重點還是圍繞著人體生命跡象資料化方面進行縱深推進。不論是產業鏈技術層面或是產業人才方面，都決定了這個階段還需要一段時間的發展。而這個階段會有相當長一段時間的探索、應用過程，其中最典型的就是可穿戴醫療產品的逐步成熟，這在一定程度上將會推動整個醫療技術與模式進行重構。

同樣，並不是說可穿戴式裝置處於第一階段就失去了價值，相反地，這個階段的價值非常巨大。一方面是人體生命跡象的資料化是之後所有階段的基礎，包括物聯網的價值也是基於這個前置條件進行釋放；另外一方面則是人體生命跡象的資料化從真正意義上實現了科技為人類服務這一宗旨。顯然，這個階段、這個過程是極具挑戰性的，是一個從0到1的創建過程，包括產業鏈技術，大數據標準等。

正因為這個階段具有一定的難度，所以我們看到了可穿戴式裝置在經歷了這幾年的發展之後，表現在市場上的產品在一定程度上有著一定的趨同性。從產品形態方面來看，基本上以體表外的可穿戴式裝置為主，主要集中在智慧手錶、手環、眼鏡之類；從技術層面來看，基本上是圍繞著運動，以及相關一些比較基礎的生命健康指標監測。如果從未來看現在，可以說整個可穿戴式裝置目前所處的是付出最大，而收穫相對比較緩慢的階段。

當可穿戴式裝置繼續發展，在經歷與完成了第一階段的成熟與穩定之後而進入第二階段時，也就是物聯網控制中心的階段。當萬物智慧化，所有存在於物理世界的「物」都被穿戴上感測器，穿戴上智慧穿戴式裝置之後，可穿戴式裝置就成為了連接人與物之間的唯一橋樑。顯然，可穿戴式裝置在這個階段所扮演的角色將更為重要，從圍繞人的第一階段升級到人與萬物的控制中心。不論是智慧家庭、智慧城市，還是日常的生活、出行，可穿戴式裝置將成為我們不可或缺的智慧「助理」。

儘管目前可穿戴式裝置還處於第一階段，但還是不乏有人站在第三階段的角度來探索可穿戴式裝置，也就是基於人體感官功能的拓展角度。比如藉助於可穿戴式裝置構建常人與聾啞人之間的對話，藉助於可穿戴式裝置建構不同國籍不同語言體系之間的無障礙交流，藉助於可穿戴式裝置來拓展視覺、聽覺、味覺等人體的感官功能。不過從目前的產業發展階段來看，這個階段只是處於探索期，短時間之內難以真正實現並進入這個階段。當可穿戴式裝置真正進入到人體感官功能拓展的階段之後，西遊記中所描述的千里眼、順風耳就能成為現實。

當然，可穿戴式裝置的終極階段則是融合或取代人體器官，讓人類進入一個「超能人」時代。尤其是隨著生物晶片的出現與成熟，以及基於人腦的人工智慧結合技術的出現與成熟，包括一些器官與可穿戴式裝置的結合，最終人類將與機器人融合。可以預見，可穿戴式裝置將帶領人類進入真正的「超人」時代，未來社會的形態將以超越我們當前認知的方式出現並存在。

3.2 連接人與物的智慧鑰匙

可穿戴智慧終端機是物聯網時代下連接人與物的唯一一把鑰匙。

在今天，智慧家庭也好，智慧型手機也好，當前的智慧終端機大多針對於物與物相連，解決物與物之間的智慧連接與資訊化關係。然而，如果人類想要實現智慧科技為人服務的最終構想，就必須要藉助於可穿戴式裝置實現物與人之間的連接。

實際上，可穿戴式裝置一個最大的價值，也是區別於智慧家庭、智慧城市、或是物聯網等產業的最核心的一項價值就在於，它是行動網際網路時代唯一能承載，並實現人與智慧硬體連接的設備。

「未來智慧穿戴將取代手機成為世界的中心」，這句話是有一定依據的。雖然，當前的行動應用，以及智慧穿戴硬體本身的一些應用都要基於手機實現，但手機與智慧家庭等硬體在本質上並沒有太大區別，只是手機作為一種通訊工作，我們賦予了它更多的功能。但可穿戴式裝置與手機之間最核心的區別就在於人與物之間的資料化連接，這是手機無法做到的。

具體來看，首先，可穿戴式裝置作為連接人與物的媒介，實現了對個體的即時監測和資料獲取。透過穿戴式裝置，個體的生理、運動、睡眠等各方面的資料可以被即時記錄和傳輸至智慧硬體，為個性化服務和健康管理提供了豐富的資訊基礎。

在生理監測方面，可穿戴式裝置通常配備有各種感測器，如心率感測器、血壓監測器等。這些感測器能夠即時監測用戶的生理指標，提供全面的健康資料。例如，透過監測心率，可穿戴式裝置可以反映使用者的運動強度、情緒狀態，甚至提前預警可能的健康問題。這種即時的生理監測有助於用戶更好地瞭解自己的身體狀況，以便採取相應的健康管理措施。

在運動監測方面，可穿戴式裝置常常搭載加速度計和陀螺儀等感測器，能夠準確記錄使用者的運動軌跡、步數、運動時長等資訊。這為使用者提供了全面的運動資料，有助於科學合理地制定個性化的運動計畫。此外，透過與智慧型手機等設備的連接，這些資料還可以同步到應用程式中，形成詳盡的運動歷史記錄，方便使用者隨時查看。

其次，可穿戴式裝置為智慧科技與個體生活的深度融合提供了可能，不論是智慧手錶、智慧眼鏡還是健康監測器，這些設備都將個體與智慧硬體實現了無縫連接，成為人們日常生活中的身體延伸。比如智慧手錶，它不僅能顯示時間，還整合了各種智慧功能，透過與智慧型手機同步，使用者可以接收消息、通話、查看日曆等。此外，智慧手錶還常常搭載運動追蹤、心率監測等功能，使得用戶能夠方便地進行運動管理和健康監測。這種深度融合使得智慧手錶不僅僅是時間工具，更是個體日常生活和健康管理的重要助手。智慧眼鏡能夠將資訊直接顯示在使用者的視野中。透過智慧眼鏡，用戶可以獲取即時導航、查看資訊、拍攝照片等，而無需取出手機。這種深度融合改變了使用者與資訊互動的方式，使得個體在行走、駕駛等場景中能夠更加安全便捷地獲取所需資訊。

此外，可穿戴式裝置的獨特之處還在於其對用戶行為的即時感知和回饋。透過感應技術，這些設備能夠準確獲取使用者的動態資訊，實現更加智慧化的互動。這種即時感知和回饋使得智慧科技能夠更好地適應個體的需求，提供個性化、定制化的服務。

可以說，只有可穿戴式裝置才能在真正意義上植入人體，綁定人體，識別人體的體態特徵，將人體的這一切都資料化、量化。因此，未來，不論是智慧汽車、智慧家庭、智慧城市、或是物聯網等產業，最終要想與人進行有效連接，都必須透過可穿戴式裝置這把人體的智慧鑰匙。

並且，可穿戴式裝置的價值，不僅僅在於它是行動網際網路新的價值入口，而是在於，在下一輪的商業浪潮中，人工智慧、大數據等行業，若想要與人進行連接，並透過為人解決問題獲得商業價值，就必須藉助於智慧穿戴這把人體鑰匙才能有效開啟，這樣一種不可替代的作用。

屆時，何為可穿戴式裝置當重新被定義，而關於可穿戴的定義也將關係到所有在這個領域內的人對可穿戴式裝置的認識，以及其真正的價值思考。

PART

2

可穿戴商業模式面面觀

對於以往的智慧硬體類產品市場，形成的商業模式往往是最簡單的純硬體模式，比如手機、平板電腦、相機、音樂播放機等。在網際網路變革之前，幾乎所有的商業都是處於一個相對比較簡單的物與貨幣價格的交換模式下，而網際網路讓這些交易模式發生了變化，我們使用 A 商品是免費的，但我們無形中支付了 B 的費用。

但進入可穿戴式裝置時代，硬體會成為副品，如今已經出現了的純硬體商業模式或者硬體 + 用戶端商業模式都只不過是這個領域發展的初級階段。

簡單地說，可穿戴式裝置的商業模式絕不會只停留在硬體上，當達到一定使用者規模後，透過資料分析和運用，實現流量以及資料變現才是最終目的。這也就意謂著，消費方式、交易模式、商業模式等都會發生更深刻的變化，前端將不再是盈利的主要環節，後端所延伸出來的商業模式才是至關重要的價值點。

尤其是在即將到來的 WEB3.0 時代，這是一個以資料商品化、價值化為核心的時代。很顯然，在 WEB3.0 這個資料為王的商業時代，可穿戴式裝置由於其獨特的資料監測與生產能力，將成為商業的競爭焦點。可預期，在 WEB3.0 時代，可穿戴式裝置本身的銷售獲利並不是主要的商業模式，取而代之的將會是以設備使用所產生的資料價值商品化交易為主要商業模式。

CHAPTER

4 硬體及衍生品銷售

4.1 可穿戴式裝置市場前景

可穿戴式裝置的發展是人類社會智慧化的長期趨勢。尤其是近年來，在逐漸擺脫手機「附屬品」的刻板印象之後，因各大終端巨頭的競相佈局和大舉投資，可穿戴式裝置市場的消費潛力得到了進一步釋放，也開始迎來加速爆發。

根據 IDC 發佈的《全球可穿戴式裝置市場季度追蹤報告》，2023 年三季度全球可穿戴出貨量 1.5 億台，年增長率為 2.6%。儘管增長較為溫和，這依然為 2021 年以來三季度最高出貨量（圖 4-1）。

Top 5 Wearable Device Companies by Shipment Volume, Market Share, and Year-Over-Year Growth, Q3 2023 (shipments in millions)

Company	3Q23 Shipments	3Q23 Market Share	3Q22 Shipments	3Q22 Market Share	Year-Over-Year Growth
1. Apple	29.9	20.2%	40.8	28.2%	-26.7%
2. Imagine Marketing	14.3	9.6%	11.9	8.3%	19.4%
3. Xiaomi	11.6	7.8%	8.5	5.9%	36.0%
4. Samsung	10.7	7.2%	11.8	8.2%	-9.1%
5. Huawei	8.5	5.7%	8.9	6.2%	-4.4%
Others	73.4	49.4%	62.6	43.3%	17.1%
Total	**148.4**	**100.0%**	**144.6**	**100.0%**	**2.6%**

Source: IDC Worldwide Quarterly Wearable Device Tracker, December 4, 2023

圖 4-1

中國市場方面，根據 IDC 發佈的《中國可穿戴式裝置市場季度追蹤報告》顯示，2023 年第三季度中國可穿戴式裝置市場出貨量為 3,470 萬台，年增長率為 7.5%，整體市場持續增長。其中，智慧手錶市場出貨量 1,140 萬台，年增長率為 5.5%。其中成人智慧手錶 559 萬台，年增長率為 3.9%；兒童智慧手錶出貨量 580 萬台，年增長率為 7.2%。手環市場出貨量 398 萬台，年增長率為 2.2%。耳戴設備市場出貨量 1,924 萬台，年增長率為 9.8%（圖 4-2）。

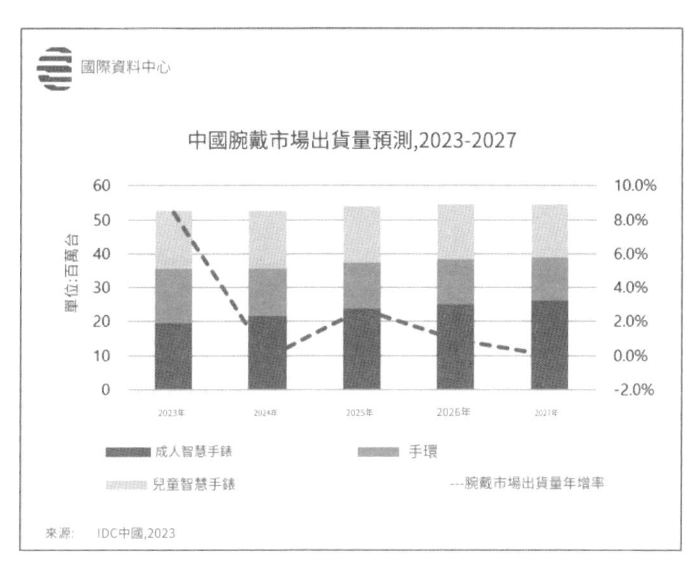

圖 4-2

長遠來看，可穿戴式裝置還將成為未來科技圈的持續熱點。究其原因，一方面，人們對於智慧穿戴有強需求。尤其是在健康管理上，隨著社會進步和經濟發展，人類對生活品質的要求逐步提高，健康意識越發強烈，健康觀念逐漸從「有病才醫」向「無病預防，有病干預、注重康復」轉變。此外，經濟節奏的加快使得人們生活節奏不斷加快，高強度的工作導致職場人士容易進入亞健康狀態，長期受到頸椎、腰椎及血液迴圈不暢等慢性病的困擾。據《2022 年國民健康洞察報告》顯示，在 70 前、70 後、80 後、90 後、95 後、00 後這六個年齡段的人群裡，95 後健康自評分最低，00 後近一年健康困擾數量最多，中青年健康問題日益凸顯。

此外，辦公群體頸腰椎問題突出。在電子化辦公的場景下，職場人士需要長時間使用電腦、手機等電子設備，容易導致肩背酸痛、頸椎腰椎僵硬、眼部疲勞腫脹等。據第一財經商業資料中心發佈的《2021職場白領健康圖鑒》顯示，白領群體腰椎、頸椎問題占比達到67%，與睡眠問題並列為最普遍的職場健康問題。職場人士廣泛受到健康困擾，促進智慧可穿戴式裝置市場需求持續釋放。

另外，經過幾年疫情，消費者對自身健康更加關注，智慧穿戴產品能夠即時監測心率、血壓、睡眠等關鍵健康資料，受到了消費者的歡迎，居家自檢成為健康管理新趨勢。在運動監測方面，智慧穿戴產品針對多維度運動資料監測，並提出合理的運動建議和管理方法。這其中的核心承載終端，則是智慧手錶。智慧手錶相比智慧手環，功能更強大、更全面、更視覺化，能夠面向垂直領域定制具體功能，兼具手錶本身的審美屬性。二智慧手錶崛起的關鍵，則是通信和續航兩大能力的顯著提升，從而可獨立使用，打開了市場的想像空間。

另一方面，高性能、新興品項的可穿戴也得到了市場的良好回饋。事實上，2023年三季度全球可穿戴出貨量的增長主要就是得益於小品牌和新興品項的快速發展，例如更小、更時尚的智慧戒指開始獲得多方關注。此外，一些新品牌，例如Oura、Noise、BoAT、Circular等將會推出相關產品，為可穿戴市場帶來新鮮感的同時，也給現有品牌在產品創新上帶來更多啟發和動力。智慧眼鏡產品在Meta、Amazon等廠商的推動下也將迎來較大增長。

可以預見，隨著人們健康理念的轉變和可穿戴式裝置的持續迭代，在未來，可穿戴式裝置硬體及其衍生品銷售的增長趨勢還將持續擴大，成為電子消費市場新的「藍海」和各家大廠的必爭之地。

4.2 除了 ToC，還有 ToB

今天，可穿戴式裝置硬體及其衍生品正在 C 端蓬勃發展，但相比複雜多元的 ToC 市場，更加垂直專精的 ToB 商用市場也是一個不容忽視、充滿了機會的市場。相較於 ToC 市場，ToB 市場具有至少兩方面優勢：

一方面，相比多元複雜的 ToC 使用場景，ToB 商用的場景更為聚焦，作業環境的可控度高，重複性動作有規律可循。因此，ToB 的可穿戴需求和資料，也是相對明確的，所以智慧穿戴式裝置的干預效果，也會比較好。比如，一個低風險的健康人，就會覺得用智慧手錶檢測血糖是過度干預，給自己製造了不必要的焦慮。而高風險的糖尿病用戶，又會覺得智慧手錶的干預不足，不如專業的血糖檢測儀準確，達不到預期的效果。智慧可穿戴式裝置對健康管理的價值，因人而異。但 B 端就少有這樣的問題，因為 B 端的需求往往是聚焦的。

以清潔工為例，在高溫天氣裡，戶外工作容易出現熱射病，重度中暑的概率大幅增加，會帶來生命危險。而以往主要靠人工管理，由清潔監察員巡邏檢查，效率低，也很難及時發現清潔工的健康風險。防範這類垂直場景的職業安全風險，智慧可穿戴式裝置就可以針對性地採集資料。

比如杭州一個地方，就為一線清潔工配發了智慧手環，該區清潔工的高齡人員比較多，這些手環是為他們「量身定制」的。即時監測佩戴者的生理指標，如果有人心率異常情況持續出現超過警戒標準，會自動向後台發送警報，如果信號丟失，或在某個地方停留超過一定時間，可能出現安全風險，監管平台也會接到報警信號。如果清潔工在作業中感到身體不適，還可以使用一鍵呼叫功能，撥打班組長的電話。

類似的像伏案工作人員的肩頸過勞；高強度勞動者如網際網路技術員的情緒壓力或心血管異常；礦山作業者的塵肺、高溫、井下失聯等職業風險；戶外工作者需要關注的心腦血管問題等，都可以在針對的場景裡，專研針對性演算法，這也將更清晰有力地釋放出智慧可穿戴式裝置的產品價值。

另一方面，要提高智慧穿戴產品的干預效果，ToB 場景比 ToC 能發揮更強的作用。智慧可穿戴式裝置需要對生理指標數據進行測量和感知，其中資料獲取、儲存、使用、管理等各個環節，存在一定的安全風險。在 ToC 場景中，比如家庭健康服務，很多人都會擔心健康設備過於激進而導致隱私洩露，多少會對新產品有一些抵觸。但在 ToB 場景中，智慧可穿戴式裝置往往作為智慧管理系統的終端，個人健康資料會託管在企業或行業的 IT 基礎設施上，企業必須嚴格遵守國家的資料保護規定，能夠打消員工對佩戴智慧穿戴的顧慮，對健康管理的依從度更高。

值得一提的是，在 ToB 場景中，可穿戴式裝置往往跟產業智慧化緊密結合，數量多、需求大，因此行業和企業在選型時，也會趨於保守和謹慎，更多跟有實力、技術可信、安全可靠的巨頭合作，作為智慧化雲邊端解決方案中「端」的組成部分，來「一攬子」進行購買。

4.3 怎樣的硬體能獲利

從可穿戴式裝置的商業模式來看，儘管可穿戴式裝置最大的價值並不在硬體本身，而是其附著在人體身上產生的一系列的大數據，但是對於大部分可穿戴式裝置廠商而言，如何賣更多的硬體賺錢，依然是獲利最快速有效的方式，也是相對比較簡單的方式。既然已經將目光聚焦在硬體本身，那麼廠商就要開始從以下幾個方面著力去打造自己的產品以使它佔據更大的市場佔有率：

首先，要在設計上下功夫，讓每一款設備不但吸引眼球，並且還好用，至少在佩戴上要舒適，功能則做少做強。在科技快速發展的時代，消費者的口味只會越來越刁鑽，對產品的要求也肯定是越來越高，如果一款產品無法達到消費者的心理期望值，那麼，當新鮮感一過，也就差不多可以被打入冷宮了。

這是一個追求個性、特殊的消費時代，設計的作用會在這樣一個時代越發地凸顯出來。消費者不再單單追求功能實用的產品，而是更加追求外觀時尚、與眾不同的設計作品，他們需要透過這些產品展現自己的品味，獲得精神和情感上的滿足。可穿戴式裝置的產品形態如此多樣，設計在其中將有巨大的發揮空間，首先打好「設計」這張牌，將會為你的產品贏得消費者們的注目禮。

其次，打造殺手級應用和功能。如果我們寄希望於透過市場調查研究而獲得用戶的需求，比如去詢問一些人，他需要一款具有哪些功能的智慧設備，基本很難給出真實的需求答案，既便是給出了一些建議，也未必是真實的需求。

我們看到 Apple 就是一個智慧硬體領域非常典型的例子，在智慧型手機未誕生前，用戶並沒有主動去尋求這樣功能的手機，而約伯斯首先洞察到了用戶的這些潛在需求，進而打造了一部 iPhone 手機，顛覆了整個世界的通訊、社交，甚至生活方式。包括 Apple 的 Apple Vision Pro，在融合了人工智慧與腦機介面的交互控制這些硬核的黑科技，在結合 Apple 極致的美學設計，就能讓產品成為一種現象級的存在。

從商業需求獲取的層面來看，用戶真正的需求往往潛藏在每個用戶淺層需求的背後，需要深度開發與探勘才能被覺察，之後再將其轉化為設備上可觸可感的功能。可穿戴式裝置要想快速獲得消費者認可，研發殺手級的應用和功能是關鍵，如果沒有這些，其他的都沒有意義。此外，殺手級應用和功能也是形成自身技術壁壘，避免產品同質化的有效方式，而這足以讓一款智慧設備長時間立於不敗之地。

第三，要讓產品能夠足夠個性化，甚至提供定制化服務。在這個以使用者為導向的時代裡，即便是 Apple、Google 這樣的行業老大也不能仗著「科技領先」的優勢，在消費者面前任性，還是需要同時推出多種產品以滿足更多類型消費者的需求，從而最大程度地佔領市場。Apple Watch 更是對人群進行了細分，推出了多種款式、價位的手錶，以及各種類型的錶帶以滿足各類人的不同需求。在這個時代，若你的產品普普通通，想讓消費者買單就比較困難了。

第四，以軟價值取勝。Apple Watch 剛推出來的時候，有許多人不能接受如此高的價格，難道 Apple 就不怕許多人因為價格而被嚇跑嗎？但我卻認為，這恰好是 Apple 公司有意為之。Apple 公司的產品能夠俘獲這個時代的大部分人，憑的是什麼？憑的不僅是它的硬價值，還有它的軟價值。比如 Apple 產品的外在的設計、系統流暢等等帶來的優良體驗，在很多時候是吸引用戶的主要原因。

最後，將可穿戴式裝置打造成奢侈品。在的 Apple Vision Pro，和曾經的 Apple Watch 的發佈，其實都是這種方式。曾經的 Apple Watch 更是讓許多傳統的時裝手錶廠商開始關注如何讓自己的手錶智慧化與智慧時尚化。顯然，在這個時代，智慧本身已經成為了一種時尚。可穿戴式裝置就可以借勢進入奢侈品領域，透過品牌效應、高級材料和精細手工來增加產品附加值，提升商品銷售收入。例如，曾經的 Apple Watch Edition 售價就高達 340,000 元 -570,000 元不等，這一類型的表與其它兩種類型的表，在外觀上識別非常容易，每款都使用了 18K 金錶殼，售價高低則要看錶帶，最便宜的是氟橡膠錶帶，最貴的是現代風皮質錶帶，這樣的售價顯然已經到達了奢侈手錶的水準，但我相信依舊會有許多人願意購買。當精良的做工與智慧結合的時候，就會成為這個時代最時尚的東西，而這對那些有錢又追求時尚的人而言，是再合適不過的選擇了。

當然，還是要說一句，對於可穿戴式裝置，硬體銷售的模式並不能為企業帶來長久的收益，也難以讓收益價值最大化，因為可穿戴式裝置未來最具潛力的盈利模式在於大數據的探勘使用，那時，如今作為主要盈利來源的硬體反而會成為「附產品」。

Note

CHAPTER

5 大數據服務

事實上，每一件可穿戴產品的真實價值，都並非產品本身，而是在於其所產生的大數據價值、背後商業模式以及企業跨界佈局所產生的生態價值，還包括與相應產業鏈上與其他商家為客戶提供的協同服務。越是到行業發展的後期，越能體現出資料及服務對於可穿戴行業的重要性。如果沒有資料，可穿戴在只提供定位以及與手機等設備互動功能的基礎之下，其存在也就沒有什麼意義。而真正的大數據服務，不僅會為商家帶來直接的利益，對於普通的用戶而言，也會為他們的生活帶來更多的便利。

5.1 大數據的力量

今天的商業競爭，已經變成了資料的競爭。隨著數位經濟在全球加速推進以及 5G、人工智慧、物聯網等相關技術的快速發展，資料影響商業競爭的關鍵戰略性資源地位，獲得普遍認可。只有獲取和掌握更多的資料資源，才能在新一輪的全球商業競爭中佔據主導地位。

2014 年 3 月，「大數據」一詞首次被寫入政府工作報告，大數據開始成為中國社會各界的熱點。2016 年 3 月，《十三五規劃綱要》正式提出「實施國家大數據戰略」，中國大數據產業開始全面、快速發展。隨著大數據相關產業體系日漸完善，各類行業融合應用逐步深入，國家大數據戰略走向深化階段。2020 年，資料正式成為生產要素，資料要素市場化配置上升為國家戰略。可見，「大數據」已經不僅是大量的資料，更進化成一種全新的思維方式和時代標誌。

大數據，顧名思義，大量的資料。大數據技術，則是透過獲取、儲存、分析，從大容量資料中挖掘價值的一種全新的技術架構。

從資料的體量來看，傳統的個人電腦，處理的資料，是 GB/TB 級別的資料。其中，1 KB = 1024 B (KB - kilobyte)；1 MB = 1024 KB (MB - megabyte)；1 GB = 1024 MB (GB - gigabyte)；1 TB = 1024 GB (TB - terabyte)。比如，硬碟就通常是 1TB/2TB/4TB 的容量。

而大數據則處理的是 PB/EB/ZB 級別的資料體量。其中，1 PB = 1024 TB (PB - petabyte)；1 EB = 1024 PB (EB - exabyte)；1 ZB = 1024 EB (ZB - zettabyte)。

如果說一塊 1TB 的硬碟可以儲存大約 20 萬張的照片或 20 萬首 MP3 音樂，那麼 1PB 的大數據，則需要大約 2 個機櫃的存放裝置，儲存約為 2 億張照片或 2 億首 MP3 音樂。1EB，則需要大約 2000 個機櫃的存放裝置。

當前，全球資料量仍在飛速增長的階段。根據國際機構 Statista 的統計和預測，2020 年全球資料產生量預計達到 47ZB，而到 2035 年，這一數字將達到 2142ZB，全球資料量即將迎來更大規模的爆發。換言之，大數據時代已真正降臨。

除了體量之大，大數據真正的「大」還在於其發揮的價值之大。早在 1980 年，著名未來學家阿爾文·托夫勒在他的著作《第三次浪潮》中，就明確提出：「資料就是財富」，大數據的核心本質，就是價值。

事實上，社會各界之所以對大數據抱以極大的熱情，認為引入大數據能夠提高自身的競爭力，是因為透過大數據處理與分析，人們能夠洞悉客戶、競爭對手、產品、管道在各個維度的資訊情報和知識洞見，借此為創新應用模式及商業模式的設計提供研判線索和技術基礎。

以阿里巴巴的芝麻信用為例，其從身份特質、行為偏好、人脈關係、信用歷史、履約能力等多個角度對一個自然人的相關資料進行搜集和彙聚，在此基礎上對個人進行信用研判，根據信用評級就可以進一步進行信用騎行、便利交通、基礎通信、信用借還、信用回收等一系列產品的設計和運維。

此外，在過去幾年的疫情中，大數據的價值也得到了彰顯。比如，透過大數據對疫情監測追蹤和防控救治。在疫情趨勢研判、流行病學調查、輿情資訊動態、人員遷徙和車輛流動、資源調配和物流運輸等方面，透過政府與企業的合作開發大數據分析產品或服務，為政府、企業和公眾提供即時動態的資訊以輔助決策。諸多大數據企業和網際網路平台發揮了大數據技術的優勢，為人們提供線上教育、線上醫療、遠端辦公、無接觸外送、線上娛樂等服務，大批中小企業開啟數位化轉型。

並且，作為一種商品，大數據可以買賣，可以增值，這也是大數據時代的一個基本特徵。國際資料交易大致開始於 2008 年，一些前瞻性的企業開始加大對資料業務的投入，初見端倪的資料應用新模式包括「資料市場」「資料銀行」「資料交易公約」等，知名資料服務商則有 Microsoft 資料市場、Amazon 公共資料集、Oracle 線上資料交易等。中國資料交易則起步於 2010 年左右，2015 年 9 月，中國發佈的《促進大數據發展行動綱要》中明確提出要引導培育大數據交易市場，展開面向應用的資料交易市場試點，探索開展大數據衍生產品交易，建立健全資料資源交易機制和定價機制。

可以說，不同利益主體迥異的價值期望都是大數據價值實現的目標，也正因為大數據的「大價值」，才引發了社會各界對大數據的普遍關注。

在今天這樣一個流量為王的時代，流量的背後正是資料，是大數據，而大數據的背後，決定著人參與的大數據，核心就在於智慧穿戴所構建的使用者行為大數據。

5.2 當廣告遇上大數據

當廣告遇上大數據，一夕之間大數據就把它變成了高效率且精準的行銷工具。

以前，商家在做好產品的同時，還要思考怎麼樣才能得知誰是消費群體、是什麼樣的群體、消費群體為什麼會買產品、在哪兒購買、何時需要、何地使用、定價該多少、該怎麼做，然後費很大功夫做實地的考查與調查研究，再花費鉅資請一家好的代理公司。但是現在，可穿戴式裝置時代到來，使用者的一切行為都將資料化，商家和代理公司只需對資料進行精煉洞察，並做出最接近事實的精準創意行銷，使得廣告發揮出最大效力。

在大數據優勢方面，搜索與社交類的公司或者平台是最具備透過資料資源建立商業模式能力的，比如 Google、Facebook、百度、騰訊等。為什麼這樣說？因為這些企業掌握著使用者在搜尋關鍵字，或者交友聊天、發郵件的過程中所展示的一切資訊。比如透過百度的搜尋指數可以獲知「減肥」在當下有多熱門，大概分佈在哪些年齡層級，以及怎麼的群體當中，這些人偏向於怎樣的減肥方法等等，這些資訊對於個體而言或許沒有多大的意義，但對於做減肥市場的商家而言，就可以透過這些資料瞭解到消費者的整體概況，再根據這個概況做人群細分，然後研發新產品。

另外，透過 Meta 和 Instagram 這類社交媒體，可以從用戶日常的聊天分享轉發中獲知他們的興趣點是什麼，熱點持續時間有多長，愛吃什麼穿什麼，地理位置等等，這些在大數據未出現以前難以大範圍知道的個性化資訊。

像 Google、百度這樣的搜尋類企業，最大的價值就在於其用戶在上面留下的搜尋痕跡以及背後形成的大數據服務邏輯。比如 Google 的 Gmail 能夠通過掃描使用者郵件資訊發佈針對性廣告。網路上有一個冷笑話：當用戶在郵件當中涉及到「自殺」的敘述時，Gmail 會發來可以協助使用者自殺的藥或者方式的廣告。從一方面來說，Google 這樣的廣告投遞方式在很大程度上侵犯了用戶的個人隱私，但從另外一方面來說，廣告的投放不再像傳統撒網捕魚式的了，而是變得精準高效，直擊用戶的需求。

再來，2013 年，由百度提供資料，Procter & Gamble（簡稱 P&G）發起的「漂亮媽媽」活動獲得了當年的最佳數位行銷案例獎。當時 P&G 的市場策略便是打動未使用紙尿褲的媽媽。

眾所周知，百度有中國最強的搜尋引擎、最龐大的雲端系統，在這種條件下，百度建立了中國強力的大數據平台，由精英聚集的百度大數據部掌控，經營成為中國大數據三強之一，而百度的大數據平台的姿態更為開放，所以有很多品牌選擇與百度合作。

而百度大數據平台就給 P&G 提供了這樣一個有說服力的資料：一個使用紙尿褲的媽媽要比不使用紙尿褲的媽媽每天多出 37 分鐘的自由時間。然後百度又發掘了使用紙尿褲的媽媽用這些自由時間做了什麼，百度發現，媽媽們在關注孩子成長的同時，也很重視其產後外貌的恢復。至此，P&G 就在自己的電商平台發起了風靡一時的「漂亮媽媽」行動。透過一系列廣告公關活動，當季幫寶適紙尿褲銷量大增。

同樣，TikTok 上就有非常多的大數據行銷案案例，比如 Ocean Spray，優鮮沛，是一家創立於 1930 年，來自美國的蔓越莓品牌，以蔓越莓乾、蔓越莓零食、蔓越莓果汁為主打產品（圖 5-1）。

圖 5-1

2020 年 9 月，優鮮沛的股價突然如火箭一樣，在短短幾天內快速攀升，翻了接近一倍。

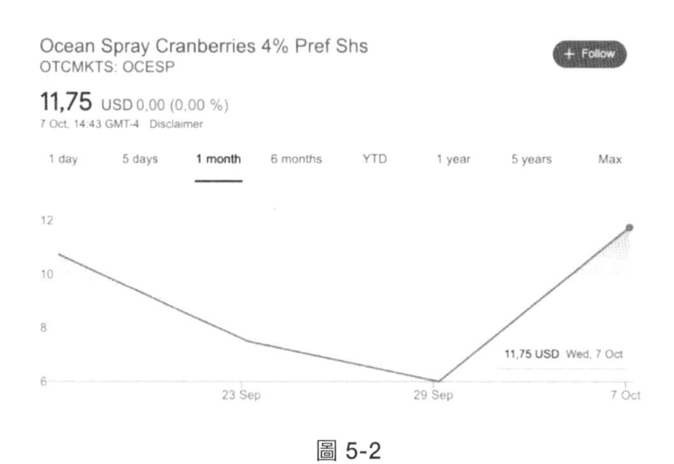

圖 5-2

而這一切都起始於一個普通的不能再普通的美國素人大叔。居住於美國愛達荷州，37 歲的倉庫管理員 Nathan Apodaca 南森 · 阿波達卡在一間馬鈴薯工廠工作，生活不富裕的他開著一輛經常拋錨的破皮卡。2020 年 9 月的一天，皮卡再次拋錨了，南森淡定的抓起滑板，手拿一瓶優鮮沛蔓越莓果汁。他滑著滑板，身旁不時有汽車呼嘯而過，一邊舉起手機自拍，一邊啜著蔓越莓果汁，聽著英國搖滾樂隊 Fleetwood Mac 在 1977 年的經典名曲「夢想」，表情淡定又陶醉，不時地跟著哼唱幾句。就是這個長得有點像絕命毒師主角老白的大叔。

這樣簡單樸素的影片突然爆發了，短短幾天內在 TikTok 上獲得了近幾千萬次觀看。這就是演算法的力量，大數據在演算法的驅動下，當瀏覽量獲得關注的時候，演算法就會不斷的給予流量，而這些流量的背後正是各式各樣的用戶。

因此，在這樣一個資料為王，流量為王的時代，可穿戴的盈利模式，從一開始就不是建立在以手環單品為盈利的目的之上的，而是深挖使用者大數據之後，進入大健康、安防、教學、廣告等行業成為其資料供應商，以共同為各領域的行業提供更精準、個性化的服務。從這個角度來說，可穿戴式裝置所產生的精確資料，不僅僅是描述一個人的行為狀態，更是可以借資料實現個性化推薦。可以說，可穿戴的盈利模式不僅僅是前端那點僅有的硬體價值，資料與服務，才是可穿戴式裝置在未來爭奪的最終市場。也是元宇宙的核心載體，是 WEB3.0 商業構建的核心。

5.3 從資料獲取到資料落地

資料服務的商業模式，其實是智慧終端機產品的共性所在。但不同的產品，其商業模式也會有一些不同，譬如智慧手環與智慧吸油煙機相比，模式上肯定是有區別的。

對於可穿戴式裝置來說，智慧終端機只是獲取並監控使用者的各項資料，功能看上去很多，資料看上去很完美，然而使用者面對這些資料會很茫然，這並沒有什麼用。而如果將這些資料發送到健康及醫療機構，透過分析得出結果回饋給用戶，並給予用戶一定的健康或者醫療相關的意見與建議，就能夠構成一個完整的服務流程。因此，終端產品的背後一定要有一套完整的服務解決方案，產品能更有價值。

具體來看，當前，無論是硬體＋用戶端，還是純硬體模式，可穿戴品牌商都加入了雲端平台，即使用者在可穿戴式裝置上交互產生的資料都將傳入雲端，進而透過大數據分析產生新的商業模式。可穿戴式裝置可以提供一個連續性有序性的資料搜集通道。使用者的心律、心跳、血壓等資料透過可穿戴式裝置上傳至雲端，一方面可以即時同步到用戶的 APP 上，一方面則留存在相應的雲端平台上。

可穿戴式裝置與大數據結合的商業模式，已經進入到大數據平台搭建與資料分析回饋的階段，比如一些智慧手環，能夠使人體的各項身體指標資料化，而這對於非專業人士的用戶而言，可能並沒有多大的意義，因為看不懂。於是，在這個過程中，便出現了專門對資料進行處理分析的企業。

當融入了人工智慧系統之後，系統就能即時的根據使用者所產生的各種行為資料進行識別、分類、加工，並形成決策建議，或者是根據使用者的行為習慣與偏好，演算法就會實現自我決策。這在當前的社交媒體領域被應用最為廣泛，比如各種社交、影片的平台，演算法會根據使用者的觀看時長、點讚、轉發等行為資料，來決定內容的優異，並進行相應的推送。

人工智慧的融入就能為大數據的商業化實現提供強大的支援，比如一些健康管理企業，根據醫療健康標準建立相應的資料標準模型之後，當使用者的相關資料導入這個模型時，人工智慧便能對特定使用者的資料進行對比分析，由人工智慧直接得出直觀的結論，並形成相關的健康報告。而擁有這種人工智慧模型的企業，就可以與健康管理機構、保險公司、醫療機構等進行合作，將資料結果進行分享。基於可穿戴式裝置的健康資料監測，也可以為個人提供健康管理服務，在 AI 醫生的監測與管理下，以比人類醫生更快、更精準、更專業的方式，為使用者提供解決方案與健康管理的建議。當然，健康管理機構可以以此對其客戶提供健康預警和預防服務，保險公司則可以透過該資料結果調整保費標準，由此，以可穿戴式裝置為資料獲取的入口，以人工智慧為決策的系統，就形成一條完整的產業鏈。

目前，在美國已經有保險公司開始將可穿戴式裝置接入到自己的行業，並且逐漸形成了獨具特色的商業模式，大致分為兩種形式：

一種是醫療保險公司為向其投保的使用者支付一部分可穿戴式裝置公司的服務費；還有一種則是保險公司根據使用者的生活習慣來調整相應的保險費以激勵用戶養成良好的生活習慣。

在第一種模式中，比較典型的是專注於糖尿病管理醫療的公司WellDoc，其主打的模式是「手機＋雲端的糖尿病管理平台」，目前側重於行動醫療方面，但我認為這種模式與可穿戴結合之後的實際價值將會更大發揮。

WellDoc公司主要是透過患者手機記錄和儲存關於自己的血糖資料，然後將資料上傳至雲端，在經過分析後可為患者提供個性化的回饋，同時提醒醫生和護士。該系統在臨床研究中已證明了其臨床有效性和經濟學價值，並已透過FDA醫療器械審批。

另外WellDoc的BlueStar應用，可為確診患有II型糖尿病並需要透過藥物控制病情的患者提供即時消息，行為指導和疾病教育等服務。

WellDoc公司會根據提供的服務向使用者收取相應的費用。由於該公司所提供的服務可以幫助醫療保險公司減少長期開支，因此過去就有兩家醫療保險公司開始為投保的糖尿病患者支付超過 100 美元 / 月的「糖尿病管家系統」費用。

第二種商業模式則是建立在資料探勘、使用上。由於大部分可穿戴式裝置均內建了多種感測器，可以隨時監測記錄各種與人體健康息息相關的資料，因此保險公司可以透過這些資料瞭解投保者的生活習慣及各項身體資料是否健康，並建立一個獎懲標準，堅持運動、健康生活的人保費降低，而生活習慣不健康的人保費提高。

這種方式可謂是達到了雙贏的局面。保險公司透過這種生活習慣的分析，不僅使用戶節省了保險費的開支，還促使用戶建立良好的生活習慣。另外，相對保險公司而言，投保的用戶生活越健康，所支出的醫療費用也就越低。

在美國，目前醫療保險費用主要由企業和員工共同承擔，而這種結合可穿戴式裝置的投保方式能夠在一定程度上降低企業在這方面的費用支出，而且還能激勵員工多運動，養成健康的生活方式，簡直是一舉多得。

CHAPTER

6 系統平台及應用開發

顯然，單一的可穿戴式裝置很難獲取利潤，可穿戴式裝置想要真正打通商業，需要的還是從產品到資料再到服務的價值閉環。

基於此，可穿戴式裝置的廠商想要獲得可持續發展，其定位絕不應該僅是一個智慧穿戴式裝置生產商，而是大健康產業、醫療產業、運動產業乃至安防產業的上游資料參與商。可穿戴廠商應該有自己的資料共用平台，並且能夠開放 SDK 介面，打造相應的功能模組，甚至能夠根據各種運動、醫療等行業的應用場景，進一步垂直細分數據模組，便於更多行業的更多產品在更多應用場景隨時接入資料，方便其調用各種資料。

6.1 國際主流大數據雲端服務平台

過去，可穿戴式裝置領域相當碎片化，而也反映出了統一的大數據雲端服務平台的缺失。許多可穿戴式裝置硬體廠商往往只生產硬體，銷售硬體，更進一步也只是停留在硬體 + 應用的階段，特別是一些初創公司，也沒有更多餘的能力去搭建一個大數據分析平台。

但可穿戴行業發展到今天，經過幾輪洗牌，大部分的可穿戴式裝置廠商都已經建立起了自己的平台和應用。比如國際科技巨頭方面，Google 有 Google fit 和 Verily，Apple 有 Health Vault 和 Microsoft Cloud for Healthcare，微軟有 Microsoft Cloud for Healthcare，亞馬遜則有 Amazon Comprehend Medical 和 Haven Healthcare。顯然，移動健康平台已經成為吸引用戶的新型手段，並且成為了各大科技巨頭藉助可穿戴式裝置佈局移動健康醫療市場的一大途徑。各大巨頭都希望透過自己打造的平台彙集協力廠商設備、應用的使用者健康資料，並聯合診所、醫院等醫療機構，實現更廣泛的健康資料分享，創建一個標準化健康平台，為用戶帶來更多便利。

1. Google：Google fit 和 Verily

Google 其實早在 2008 年就開始涉足電子健康市場。Google 提供了一項健康資料分享服務，聯合 CVS 藥房及 Withings 等廠商，讓用戶可以在其健康平台建立個人資料，更方便地獲得健康服務。但因沒有整合主流的醫療服務及保險機構，所以資料分享性受到了限制，最終於 2011 年結束了 Google Health 服務。

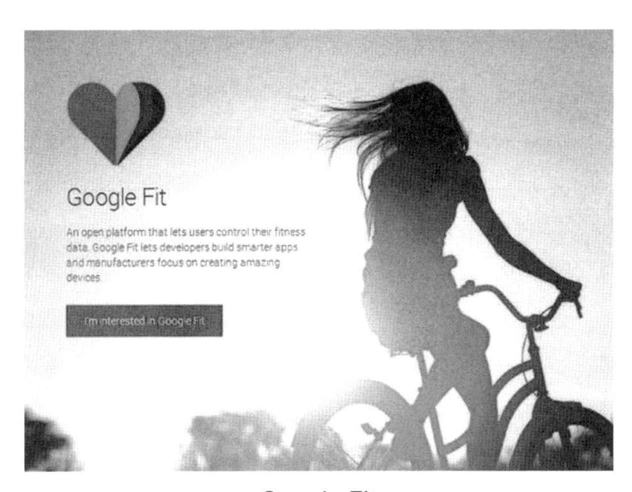

Google Fit

顯然，Google 並不會放棄電子健康市場，在 2014 年 6 月的 I/O 開發者大會上，專注於運動資料彙集及分享的 Google Fit 正式發佈，8 月，Google 正式向開發者公佈了該平台的預覽版 SDK。與 Apple 的服務相似，主要是為協力廠商健康追蹤應用提供追循資料、儲存資料的API，換句話說，Google Fit 能夠從協力廠商健身設備、應用中讀取資料，並形成大數據。從 Google Fit 整個佈局方向來推敲，比如它目前並不能支持廣泛的醫療機構，所以似乎更專注於個人運動資料統計。但未來，一旦與 Google 眼鏡之類的可穿戴式裝置進行連接，其在醫療領域的實力與價值將會讓其成為這個領域的實力派。

除了 Google Fit，Google 在醫療資料服務的另一個重要的佈局就是 Verily。Verily 是 Alphabet 旗下承載大部分醫療保健業務的公司。該子公司專注於使用資料通過分析工具、干預措施、研究等來改善醫療保健。

Verily 已經與很多醫藥健康公司建立了合作夥伴關係：與醫療設備製造商 Dexcom 合作開發新型感測器，用於追蹤 2 型糖尿病患者的血糖；與 ResMed 合作，幫助診斷患有睡眠呼吸暫停的患者；與諾華、輝瑞和其他大型製藥公司合作，幫助他們的臨床實驗實現技術現代化；與 Gilead 合作部署免疫分析平台，從生物樣本的研究中獲得更多發現。

2017 年，Verily 開啟了一項為期 4 年、萬人參與的基線計畫。利用各種健康新工具收集 10000 名志願者的健康資料，並在此基礎上，邁出繪製人體健康地圖第一步。很多人不理解什麼是基線，基線就是公司透過對用戶的測量（手機、手環、手錶），就可以知道這個人的健康的基準線。使用者更健康了或是生病了，健康檢測資料會出現波動，但是如果不知道基線就沒有意義。

每個人的基線是不同的，例如每個人的體溫基線都不同。一般來說人類的體溫基線大概是 36 度，但是這不是具體到每個人的基線。有一個朋友他的正常體溫是 34 度，然後到 37 度的時候已經高燒了，到醫院一量體溫，醫生說低燒沒事回去歇著吧。所以基線項目很重要，知道了基線才能對用戶進行個性化的、精準的健康檢測。

2019 年，美國 FDA 批准了一款名為 Verily Study Watch 智慧手錶上的心電圖功能（ECG），使其成為又一款可做醫療用途的智慧手錶。這款手錶也被叫做 Google 手錶。美國 FDA 批准了 Study Watch 成為 II 類醫療設備的 510(k) 條款審查。不同於其為 Apple Watch 批准的非處方類使用許可，Study Watch 僅能夠在有醫療需求的情況下使用，屬處方類醫療設備。Study Watch 可在有處方的條件下，為有心臟健康問題的患者檢測單通道心電圖節律，並記錄、儲存、傳輸這些資料。

Verily Study Watch 採用了電子墨水螢幕，還搭載了基於 Google Wear OS 系統的平台，配合 Alphabet 旗下 DeepMind 的 AI 技術，Google 在可穿戴醫療領域的想像空間十分巨大。

2. 微軟：Health Vault 和 Microsoft Cloud for Healthcare

2007 年，微軟的 HealthVault 成立，在這個健康管理平台上，用戶只要線上申請一個個人健康帳號，就可以在線上維護自己的健康記錄。它就像一個個人資訊保險箱，有開放介面，可以與協力廠商的設備廠商和保險公司之間做資料的交換，使用者自行決定上傳的資訊內容以及向誰開放資訊。換句話說，使用者可以將其他設備上測量到的資料上傳至這個平台，HealthVault 會在整合分析各方資料後會回饋給使用者一系列相對準確客觀的解決方案（圖 6-1）。

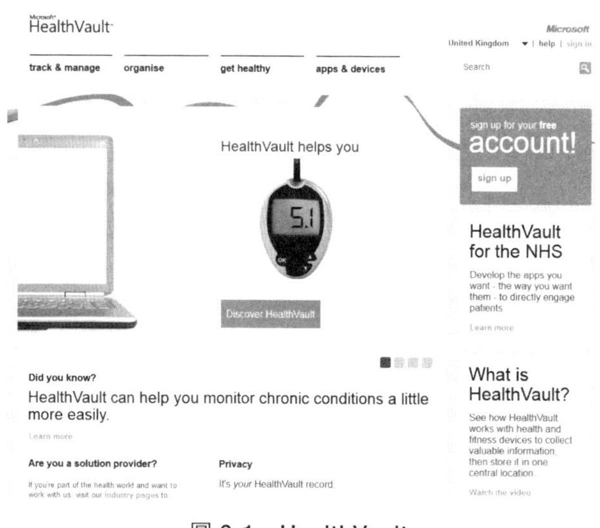

圖 6-1　HealthVault

遺憾的是，2019 年 4 月，微軟最終宣佈關閉 HealthVault。HealthVault 是微軟進軍網際網路個人健康記錄系統的一次嘗試，儘管 HealthVault 將會關閉，但收集和儲存使用者個人健康資訊並與使用者醫療團隊共用這些資訊的移動應用程式，仍將為醫療和健康實踐帶來革命性的變化。

HealthVault 的失敗之處在於，它把重點放在傳統的健康記錄上，而非動態、即時獲取患者的多模態資料。它缺乏與常用的可穿戴式裝置和其他智慧健康設備的整合互聯，同時社交和共用能力也十分有限，使得它無法獲取使用者的綜合資料，因此無論其功能還是體驗，均不成熟。HealthVault 並沒有向用戶提供多少關於健康問題的有效資訊，比如使用者的健康隨著時間如何變化，或者他們可以做些什麼來改善健康。HealthVault 本可能成為市場上第一個為大眾提供健康記錄的服務產品，但是它並沒有為用戶和醫療團隊提供改善健康方法和結果所需的可操作見解和支援。

當然，微軟並不會止步於此。同年 10 月，微軟和保險業巨頭 Humana 宣佈達成一項為期七年的戰略合作，將使用雲端運算和人工智慧技術來構建預測解決方案和智慧自動化，以支持 Humana 成員及其護理團隊。Humana 計畫利用 Microsoft 技術力量，尤其是其 Azure 雲端平台、Azure AI 和 Microsoft 365 協作技術以及快速醫療交互操作資源等交互操作標準，為醫護團隊提供透過雲端平台即時獲取資訊服務。透過使用這些技術工具對患者進行更全面的瞭解，從而更好地進行預防治療，及時瞭解患者用藥計畫和補充藥物情況，並找出影響健康的社會障礙，如食物不安全、孤獨和社交孤立等。

2020 年 5 月，微軟線上舉辦了開發者大會 Build 2020，重點介紹了其在雲端運算技術和深度學習演算法優化上的進展。在應用工具方面，微軟帶來了首個行業雲解決方案——微軟醫療雲（Microsoft Cloud for Healthcare），這是微軟正式推出的第一個專門針對特定行業的雲端運算解決方案。微軟表示，它是專門為醫療領域打造的雲端服務產品，旨在幫助醫生和醫療機構提供更好的服務並使用高階資料分析技術，其優點就是能夠簡化跨應用的資料共用。

3. Apple：Fitness APP、Researchkit 和 CareKit

Apple 憑藉 Apple Watch 和 iphone，擁有了龐大的消費者群體，也獲得了龐大的健康大數據。特別是 iPhone 上系統自帶的 Fitness APP，能夠為使用者提供查看各類資料的簡潔視圖，顯示日常健身記錄、體能訓練和健身記錄趨勢，還可以進行健身記錄共用和健身競賽。

在醫療健康的開發工具方面，Apple 與醫療機構和研發機構合作，推出資料研究工具和產品開發工具 ResearchKit 和 CareKit。

ResearchKit 允許研究人員和醫生在 Apple 使用者同意的情況下收集個人資料，以提高他們的研究項目的準確性。比如，美國 Sage Bionetworks 研究中心透過 ResearchKit 開發的 mPower APP 已經招募了超過 10,000 名參與者，成就了一項規模空前的帕金森綜合症研究項目，使用 iPhone 的陀螺儀等功能測量參與者的靈活性、平衡性、步態和記憶力，從而幫助研究人員診斷並更好地瞭解帕金森綜合症。研究人員就可以對導致症狀好轉或惡化的因素有更深入的瞭解，例如睡眠、鍛煉和情緒等。

CareKit 則幫助開發人員構建健康相關的應用程式，應用開發者創造健康相關的應用，並允許用戶能夠追蹤與健康相關的資料。

CareKit 更像是一款開源的醫療資料應用平台。它不僅可以像 Research Kit 一樣用於研究，還可以用於實際的治療。比如一些醫療機構把它應用於帕金森患者，幫助他們進行個人護理，追蹤藥物療效，或是進行養生。可以透過 iPhone 或 Apple Watch 來追蹤症狀，然後與家人或醫生分享資料，幫助醫生調整治療計畫。

這些都可配合 iPhone 或 Apple Watch 進行顯示或提醒，並且能與其他醫療健康設備連接。Apple 透過 CareKit 可以提供更多醫療的用途來幫助病患與醫師。

這也讓我們看到，在健康資料服務方面，Apple 的佈局是非常清晰的。Fitness APP 主要用於個人的健康顧問，Researchkit 和 CareKit 則傾向於醫療研究。此外，在應用的數量上，Fitness APP 的數量將遠遠大於 Researchkit 和 CareKit，雖然 Fitness APP 的資料不一定都會用於醫學研究，但 Researchkit 和 CareKit 卻可以借著 Fitness APP 大有作為。

未來的醫療行業，也會隨著這兩個方向逐漸被變革。透過健康管理平台搜集整合醫療資料，再透過進一步像 Researchkit 和 CareKit 一樣的平台做深入研究與分析，之後得出精準有效的預防與診療建議，最後回饋給醫療專家以及用戶，形成一個有效的醫療過程閉環。

4. 亞馬遜：Amazon Comprehend Medical 和 Haven Healthcare

2018 年 11 月，亞馬遜推出了 Amazon Comprehend Medical，可以讓開發者處理非結構化的醫療文件，並確定病例診斷、治療方案、用藥計量、症狀和徵兆等資訊。將人工智慧和機器學習應用於醫療保健。主要面向的是醫院客戶，降低醫療文件處理成本，快速準確地從醫療記錄中提取資訊。

2019 年 4 月，亞馬遜宣佈推出符合 HIPAA 法案的 6 種 Alexa 醫療技能，這些技能分別由 6 家不同的醫療組織開發，包括：藥房服務機構 Express Scripts 的會員可以透過 Alexa 查看送貨上門處方的狀態。信諾的會員可以透過 Alexa 管理自己的健康。波士頓兒童醫院的兒童家長和護理人員，可以向護理團隊提供孩子的最新資訊，並接收術後預約的資訊。數位健康消費公司 Livongo 的會員可以透過 Alexa 查詢血糖讀數、血糖測量趨勢，並獲得個性化的資料分析和健康提示等。

Haven Healthcare 是 2019 年亞馬遜的創始人貝佐斯和巴菲特以及摩根大通 CEO 傑米 · 戴蒙聯合發起的醫保服務公司。該公司希望幫助用戶簡化保險並使處方藥更便宜。最初為亞馬遜，伯克希爾和摩根大通的 120 萬名員工提供服務，而後計畫「分享我們的創新和解決方案以幫助其他人」。Haven Healthcare 透過分析性能、成本資料來建立一個醫生網路，為使用者提供必要的醫療護理。包括建立緊急護理診所、醫療專家的資源整合以及提供遠端醫療服務等。

亞馬遜雲端運算服務，可以幫助處理醫療保健領域所需的大量資料儲存和分析。亞馬遜的運營中心，供應鏈以及收購 Whole Foods 可以快速提供醫療產品和服務。

6.2 中國主流大數據雲端服務平台

在 21 世紀的今天，患者會對醫療服務提出越來越多的要求，比如他們希望更好、更及時地獲取個人醫療資訊，同時享受更先進、更廉價的醫療服務。而醫療提供方面臨的壓力則是壓縮成本、改善治療效果、提升效率、擴大服務，並遵守不斷變化的全新監管規定。特別是在中國這樣的醫療環境中，病人和醫療提供方對於醫療環境的改善和服務的提升都更加迫切。

科技進步有助於解決其中的很多挑戰。新技術和新模式可以消除企業運營過程中的無效環節，或是改善醫療資訊的安全分享方式。所以，醫療雲的打造將成為整個智慧醫療的根基。而所謂醫療雲，其實就是在雲端運算基礎上，專門針對醫療領域所開發的一種應用形態。它基於雲端運算技術，將醫療資訊系統和醫療資料儲存於雲端，以便於醫護人員進行即時的資料訪問、共用和分析，從而實現醫療資訊的全面管理和應用。

想要實現從雲端運算到醫療雲，需要經歷幾個必要的步驟。首先，建構雲端基礎設施。醫療雲需要一個強大的雲端基礎設施來支援醫療資料的儲存、管理和分析。雲端基礎設施應該包括計算、儲存和網路資源，同時應該具備高可用性、高性能、高安全性和高擴展性。

其次，為了將醫療資料引入到雲端平台中，需要對醫療資料進行數位化和管理。數位化可以將醫療資料從紙質或非結構化的形式轉化為結構化的數位化資料，方便醫療資料的儲存和分析。資料管理包括對醫療資料的分類、歸檔、備份和恢復等操作。

第三，醫療機構可以透過雲端運算平台上的分析工具對醫療資料進行分析和探勘，以發現醫療領域的新知識和規律。這些分析工具可以幫助醫生更好地瞭解患者的病情、診斷和治療方案，提高醫療效率和品質。

最後，醫療機構可以透過雲端運算平台提供的服務，將醫療資料共用給其他機構或個人。這些服務可以幫助醫療機構實現資料共用和協作，促進醫療知識的共用和交流，提高醫療服務的品質和效率。

中國第一家佈局醫療雲的雲端服務商是金山雲。2015 年，金山雲和北大醫信簽署戰略合作協定，共同推出的醫療混合雲解決方案——智醫雲，並在北大人民醫院落地實施，跨出了醫療雲佈局的第一步。

2018 年 7 月，金山雲發佈 CloudHIS，面向基層醫務工作者、居民和管理者三類使用者提供一體化雲端服務。在聯通上級醫院資源的同時，金山雲 CloudHIS 支持藉助人工智慧技術，透過遠端醫療手段，引進醫生集團、專家協會等優質醫療資源作為有效補充，提供遠端醫療解決方案。

此外，騰訊與東華軟體於 2017 年年末開始在醫療、金融、智慧城市、公共安全等領域的多個層面展開戰略合作。在與東華軟體展開合作的半年之後，2018 年 5 月，騰訊 12.66 億人民幣入股東華軟體，東華軟體提供應用軟體發展、電腦系統整合以及資訊技術服務能力和資源，結合騰訊雲及其關聯方在基礎雲端運算服務能力，雙方在產品和解決方案打造、商務管道拓展、項目交付實施、專案維運服務等方面展開全面深入合作。

其中在醫療資訊化方面，東華軟體整體實力處於行業前列，東華軟體也是騰訊雲醫療資訊化解決方案的戰略支點。2018 年 7 月，騰訊與東華軟體全資子公司東華醫為聯合發佈面向醫療大健康行業的「一鏈三雲」戰略：健康鏈、衛生雲、醫療雲、健康雲和六大聯合解決方案。

而繼騰訊投資東華軟體之後，阿里也展開動作，入股衛甯健康，打通大健康業務體系。其實阿里這步棋在 2015 年就已經開始，當時雙方已經認識到在開拓市場和創新服務方面相互存在較大的互補性，共同認為建立長期性、戰略性的合作關係，有利於雙方在健康服務業和醫藥衛生資訊服務領域的拓展，有助於提升各自的運營空間和營運效率，降低運營成本，有助於實現未來市場的擴張。阿里經過與衛甯健康多年的合作也形成了醫療管理、行動醫療、醫療大數據、醫藥流通等醫療雲服務鏈條。

除了金山雲、騰訊和阿里之外，華為、京東等也紛紛在醫療雲業務上展開行動。

CHAPTER

多種模式疊加

可穿戴式裝置是一類很特殊的產品，它橫跨的是消費電子和穿戴這兩個成熟與不成熟的複雜行業，同時在此基礎上滿足消費者的個性需求，例如便捷、獲得健康的生活方式等功能。但如何圍繞可穿戴式裝置建立起可持續發展的業務，才是科技公司真正需要解決的問題。

「設計」被吹捧為可穿戴式裝置成功的秘訣，但若沒有正確的「商業模式」，設備的銷量最終是無法達到如你預見的那樣起飛的。在可穿戴式裝置領域可能出現的各種商業模式中，多種模式的疊加會在很大程度上成為未來一些巨頭企業的主要商業模式。就像 Apple，有 Apple 手錶，以及與之配套使用的多款應用，還有在健康領域的 Health Vault 和 Microsoft Cloud for Healthcare。

7.1 打造更強大的物聯網

物聯網時代，企業若有足夠強大的能力打造一方獨立的物聯網天下，那麼特別需要對這個網中的五大關鍵要素進行把握：優質的硬體、獨立的系統、應用的開發、大數據雲端服務平台、社交平台。只有這五大要素相互交織、相互支持，才能建構成一個完整的物聯網生態系統，為企業在物聯網領域取得成功提供堅實的基礎。

首先，優質的硬體是物聯網體系的基石，包括感測器、設備、閘道等，它們負責採集和傳輸各種資料。這些硬體必須具備高度的可靠性、穩定性和安全性，以確保在複雜的物聯網環境中正常運行。同時，硬體的先進性也直接關係到物聯網系統的性能和效能。企業需要在硬體設計和製造方面投入充足的資源，確保所提供的硬體能夠滿足不同場景的需求，從而建構一個可靠且高效的物聯網基礎。

其次，獨立的系統是保障物聯網運作的核心。這個系統包括物聯網的網路架構、通信協議、安全機制等方面的設計。一個強大而獨立的系統能夠有效管理和協調大量的設備，保障資料的可靠傳輸和處理。同時，系統的可擴展性也是非常重要的，以應對未來物聯網規模的不斷擴大。透過建立一個獨立系統，企業能夠更好地掌握物聯網的核心控制權，確保系統的靈活性和可管理性。

應用的開發則是物聯網實現真正價值的關鍵。在物聯網時代，應用涵蓋了各個行業和領域，包括智慧家庭、工業自動化、醫療保健等。企業需要投入大量資源進行應用的開發，以滿足不同領域的需求。應用的開發還需要緊密結合硬體和系統的特點，發揮其最大潛力。同時，企業還需要注重使用者體驗，確保應用能夠為用戶提供便捷、智慧的服務，推動物聯網技術的廣泛應用。

大數據雲端服務平台是支撐物聯網運作的重要基礎。透過雲端服務平台，企業可以實現對海量資料的儲存、分析和處理，從而提煉出有價值的資訊。大數據分析能夠為企業提供深刻的洞察，幫助其做出更明智的決策。雲端服務平台還能夠實現設備的遠端系統管理和升級，提高整個物聯網系統的可維護性。一個健全的大數據雲端服務平台是企業能否充分發揮物聯網潛力的關鍵。

最後，社交平台則在物聯網時代扮演著連接個體和企業、設備之間的橋樑。資料獲取之後的分析、建立、回饋等是建立用戶黏性的一大關鍵要素之一，用戶一旦沒有黏性，就很難再繼續有興趣堅持下去。而反過來社交圈如果棲棲遑遑，更是加增了用戶彼此想要去往更加熱鬧地方的舉動，可以說社交不是目的，而是一種必然的結果。而透過社交平台，用戶可以分享和獲取與物聯網相關的資訊，形成一個龐大的社群。社交平台的存在促進了用戶之間的互動和合作，有助於推動物聯網技術的創新。企業可以透過社交平台建立品牌形象、推廣產品，並獲取使用者回饋，從而更好地滿足市場需求。

這也讓我們看到，當前已經進入這個領域的科技巨頭，比如 Apple、Google、三星等，無一不是在這五個方面深耕和佈局的。

對於這些世界級科技巨頭，他們在不缺錢不缺人的情況下，肯定是野心勃勃，對正在到來的物聯網時代，他們所起到的推動作用將會被歷史銘記。物聯網時代不再只是簡簡單單的硬體之戰，而是資料之戰、平台之戰，就像智慧型手機時代的 iOS 和 Android 兩大陣營一樣。

在智慧型手機時代，Google 雖然錯過了智慧型手機，似乎只為這個領域貢獻了一個叫做 Android 的作業系統，但在物聯網時代，Google 的佈局已經延伸到可穿戴式裝置、智慧家庭、無人車等等各個領域，而最先發佈的專為智慧手錶打造的 Android wear 平台使得我們看到，Google 將不會再缺席物聯網時代的任何一個領域。不過在我看來，系統平台的下一個趨勢就開放、融合，比如 Apple、Google、微軟、三星等都會由自己主導的系統，但這些系統的後台會在某種程度上實現連接、共用。

物聯網時代，科技巨頭們先天的優勢使得他們可以以多種模式疊加的商業模式進入其中，但對於一些初創公司而言還是難以做到的，因為這裡面所投入的成本是一個初創公司所難以承擔的。

我們能在國內外的各大群眾募資網站上看到很多智慧科技領域內的初創公司，他們在前期由於沒有原始資金，往往是透過群眾募資的方式獲得第一筆供他們開發產品的資金，這也就是我們當前所看到這些創業公司基本以硬體本身的銷售獲取收益的根本要素。另外，大部分產品的技術含量和產業鏈組合都不複雜，換句話說就是一些輕智慧產品，越複雜對他們來說一方面技術難度大；另外一方面成本高，因此，跳票失敗的可能性也就越大。

因此，就商業模式而言，初創公司往往以打造爆款商品，銷售純硬體的方式實現成本回收以及盈利，或達到吸引資本方的目的。他們的進步往往還只能圍繞硬體打轉，比如改善產品的外觀，讓它變得更時尚，佩戴更舒適，或者升級產品的內部配件，使續航更長久，獲得的資料更準確等等。而對於大數據分析、平台搭建這些事，他們往往是力不從心，或者說沒這方面的思考。所以，對於這類性質的公司，沒有必要追求多種模式疊加的商業模式，他們可以單單只做硬體，然後嫁接在其他的大數據平台上；或者專門做醫療類健康資料的分析研究，然後再透過這些資料與一些機構，比如醫院、保險等合作。

7.2 單一模式機會大

如上文所述，最強大的盈利模式顯然是多種疊加的商業模式，但這並不是一種普適的商業模式，簡單一點說就是並不適合於一般的創業團隊。這種模式更多的是適用於巨頭類的企業，因為牽涉到的環節多元、複雜，不僅需要大量的人才，更需要大量的資金。而對於創業者們而言，類似於透過智慧硬體銷售獲利的這種單一模式是種不錯的選擇，不過並不是延續智慧硬體單品的路線，主要由以下幾方面機會：

1. **以細分市場切入，建立系統平台**。如針對於智慧手錶、智慧手環、智慧服飾、智慧鞋子等這些垂直細分領域的市場建立系統平台，相對來說技術難度低，並且在聚焦的情況下容易更好的優化系統；
2. **以產業鏈環節切入，建立產業鏈技術**。如語音交互、電池、智慧面料、感測器、晶片等產業鏈技術的一個環節上切入，集中資源形成技術優勢，不過這適合於具有一定技術基礎或資源的團隊；
3. **以應用領域為導向，成為方案解決者**。如 APP、演算法、技術方案、製造等方面，其中還包括專門為相關創業者提供群眾募資策劃與設計等，主要是圍繞產業鏈的服務環節，形成自身獨特的優勢為行業的相關企業提供解決方案。

由於整個可穿戴式裝置產業處於快速發展期，各種技術、產品等都還處於不斷更替狀況，因此，切入產業鏈的任一環節，伴隨著產業發展所不斷釋放出來的空間，可以說藉助於這種產業發展勢能共同成長，對於創業者們來說會是個非常不錯的選擇。尤其是智慧感測器是元宇宙時代，是可穿戴式裝置時代的基石。這種被用戶數位化監測的感測器已經不在是過去單一、傳統的資料監測，而是融入 AI 晶片之後，才有自運算、決策功能的智慧感測器。在可以預見的未來，智慧感測器將會呈現爆炸式增長，從物的數位化、環境數位化，到人的數位化，萬物數位化時代的核心就在於智慧感測器。

P A R T

3

認識可穿戴式裝置

可穿戴式裝置領域的發展還只處於初級階段，因此當前的商業模式更多的也還停留在單一的硬體和配件的銷售上，但當可穿戴式裝置發展趨於成熟，生態圈逐漸成型完善的時候，它所延伸出來的商業模式將有無限可能，至少會擺脫當前對於產品硬體本身為盈利模式的依賴。特別是基於大數據價值的可穿戴，將在醫療、旅遊、教育、遊戲、健身、廣告、公共生活能各個方面激發出全新的商業機遇。

CHAPTER

8 可穿戴 + 醫療

可穿戴醫療換句話而言，就是感測器醫療，再輔以無線通訊、多媒體等技術，散佈在人體的各個部位，能夠即時地檢測人體各項生理指標，達到預防疾病的效果。而一旦使用者生病需要就醫時，設備能夠自動藉助使用者完成整個診療過程併發回報告，甚至能即時送藥上門，整個過程可能是在患者還不知道自己已經生病的情況下完成的。最後在就醫後，設備能根據醫囑為使用者合理安排飲食、作息等等，使就醫用藥效果達到最佳。

總而言之，可穿戴醫療是一整套系統，一個巨大的平台。任何一個環節未打通，都難以使可穿戴在醫療領域的價值發揮到最大。就當下推出的許多比如手錶、手環、服飾及鞋襪等日常穿戴式裝置，雖然可以測量使用者的各項生命跡象，但還只是停留在前期的健康管理階段，遠未真正進入整個可穿戴醫療領域。

對於可穿戴式裝置而言，醫療領域才是它能發揮最大價值的地方，健康管理只不過還是剛踏出去的第一步。

8.1 重新認識健康管理

醫學服務與健康。在現代醫學的支持下，人類預期壽命不斷增加。現代醫學開創了全新的局面，改變了人與其自身，與疾病、苦難和死亡的聯繫，也改變了人們對「健康」的定義。

當然，一千個人心目中，有一千種對健康的定義。但在過去，健康往往與「疾病」緊密聯繫，一個不生病的人，就是一個健康的人。現代醫學的「進步」，帶來了更多科學和先進的疾病檢測手段，甚至可以在未得病以前，就提前預測疾病。

這一定程度上造成了疾病的「泛化」。一切皆可「生病」，要麼現在「生病」，要麼有「生病」隱患。同時，物質生活水準的提高及近幾年來消費升級大潮的影響也推動社會對健康評判維度的悄然變化。對健康的認識不再如從前。

2020 年，《細胞》（Cell）上曾發表了一篇里程碑綜述，詳細描述了健康的八個核心標誌和維度，包括空間上的區隔（屏障完整性和遏制局部干擾）、穩態的維持（回收和更新、系統整合、節律震盪）和對壓力的適當反應（穩態復原力、毒物興奮效應調節以及修復和再生），從整體組織、器官、細胞、亞細胞、分子等多個層面，對健康給出了系統性的新定義。

空間上的區隔分為屏障完整性和遏制局部干擾兩個方面。屏障完整是除了皮膚、腸道、呼吸道為人體提供與外界環境相隔的屏障外，人類體內不同尺度的屏障。這些屏障形成了重要的電生理和化學梯度，同時也為氣體和滲透壓的交換、代謝回路的補充、隔室之間的溝通 / 協調以及解毒提供了便利，屏障的完整性對維持健康至關重要性。比如，血腦屏障。血腦屏障由神經血管的多種細胞緊密連接而成，限制了血液迴圈中的細菌或導致炎症的化學物質等進入腦組織。血腦屏障的「滲漏」，就被發現與多種神經系統疾病有關。

遏制局部變化是人體中對微小的局部變化，包括外力造成創口，病原體入侵，細胞分裂過程中的各種「意外」造成的 DNA 修復失敗、出錯的蛋白質堆積等的反應與修復。包括屏障癒合、炎症的自限性、天然和獲得性免疫、抗腫瘤免疫逃逸等。透過及時控制小的局部干擾，以實現機體的整體健康。

穩態的維持分為回收和更新、系統整合以及節律震盪。回收和更新是指，在組成生物體的每個亞細胞、細胞和超細胞單位都會經歷因內源性損傷或外源性壓力而導致的修飾時，為了避免退化，大多數細胞成分和大多數細胞類型必須不斷地進入死亡、清除和更新的迴圈，這意謂著它們必須經歷主動的破壞，然後無誤地進行替換。而維持一個健康的生物體，涉及不同系統之間的「整合」。從細胞內的結構，到組織器官，到人體與微生物群之間，不同的網路相互交織，很多要素在不同層次同時發揮若干作用。

此外，分子和細胞在胚胎發育或再生過程中的精確順序、時間控制等對生命至關重要。超晝夜、晝夜和次晝夜振盪為生理功能提供了節律性，並有助於維持機體的穩態。而節律震盪不規律，比如，經常熬夜，就會打破機體穩態，引發健康問題。

最後，壓力的適當反應與機體的穩態、毒物興奮效應調節以及修復和再生緊密相關。機體藉助內環境的穩定而相對獨立於外界條件，從而提高自身對生態因數的耐受範圍。穩態回路將無數生物參數，如血液 pH 值、血清滲透壓、動脈血氧和二氧化碳、血糖、血壓、體溫、體重或激素濃度等，維持在接近恒定的水準。如果調節器的設定點被改變，將導致慢性疾病。

毒物興奮效應，指的是暴露於低劑量毒素可引起保護反應，以免在暴露於較高劑量的同種毒素時遭受損傷。而對於威脅健康的各種損傷，則必須做出修復。這些損傷和修復涉及 DNA 和蛋白質分子，也涉及內質網、線粒體、溶酶體等細胞器。可能的情況下，還需要讓受損或丟失的功能原件再生，以實現完全恢復。

可見，健康，早已不是沒生病就可以，建立新的健康觀念，為健康賦予現代醫學的標準，是現代健康生活的必經之路，在新的健康觀念下，「健康管理」的概念也迅速發展起來。

雖然今天人們已經有了對「健康」的新的理解和共識，但對於健康管理，卻有許多人依然不熟悉。簡單來說，健康管理就是對個體或群體的健康進行全面的管理和關注，旨在透過科學的手段，幫助個體或群體預防疾病、促進健康、提高生活品質、降低醫療費用、增強健康素養，以達到健康長壽的目的。

健康管理涵蓋了預防、醫療、康復等多個方面，是從傳統的以治病為主的醫療模式向預防為主的全新模式轉變的產物，是一種在醫學、公共衛生、健康科學等多領域交叉融合的新興學科。健康管理對於個體和社會的健康都具有重要意義，是當前社會健康事業發展的重要方向之一。

健康管理行業的發展歷程可以追溯到 20 世紀 70 年代，當時健康管理被定義為一種計畫、組織、實施和監測衛生服務的方法。當時，健康管理主要關注疾病控制、公共衛生和醫療品質等方面，是一種針對群體的健康管理模式。

隨著 20 世紀 90 年代以來人們對健康的關注度不斷提高，健康管理行業開始向個體化方向轉變。特別是在可穿戴式裝置、大數據和人工智慧等技術的支援下，健康管理行業取得了突破性的進展。

2009 年，美國政府推出了《健康資訊技術促進與醫保法案》，旨在推動健康資訊技術的應用和發展。該法案鼓勵醫療機構和醫生使用電子健康記錄系統，以提高醫療效率、降低成本和改善醫療品質。此後，健康管理行業開始出現了許多新的技術和應用，如遠端醫療、行動醫療、健康監測設備等。這些新的技術和應用為健康管理行業的發展帶來了更大的創新空間和機遇。

2010 年，Apple 公司推出了首款智慧手錶—— Apple Watch，成為了智慧穿戴式裝置行業的領先者之一。Apple Watch 的發佈標誌著智慧健康管理時代的開始，讓人們能夠更方便地追蹤和管理自己的健康資料。

2015 年，中國國務院發佈了《關於促進健康服務業發展的若干意見》，提出了「加強健康管理和預防性健康服務」的政策目標。此後，健康管理行業在中國的發展迅猛，成為中國醫療健康領域的一個重要板塊。

如今，隨著可穿戴式裝置、人工智慧、大數據等技術的不斷發展和應用，健康管理行業正迎來新的發展機遇。根據市場研究機構艾瑞諮詢的資料，中國健康管理市場規模從 2014 年的 450 億元增長到 2020 年的 1858 億元，年均複合增長率為 29.7%，預計到 2022 年健康管理市場規模將超過 3000 億元。美國市場研究機構 Grand View Research 預計，全球健康管理市場規模在 2028 年將達到 3,088 億美元，年均複合增長率為 22.3%。

可以說，作為一個新興的行業，近年來，健康管理的發展是前所未有的。並且，在可預見的將來，健康管理還成為現代醫學的重要組成部分，幫助個體或群體預防疾病、促進健康、提高生活品質、降低醫療費用、增強健康素養，以達到健康長壽的目的。

8.2 可穿戴，將健康資料化

健康管理行業的發展離不開現代技術的不斷進步和普及，其中，可穿戴式裝置對健康管理行業的發展具有特殊的意義。

作為連接人與物的智慧鑰匙，可穿戴式裝置真正打開了健康管理的大門，並正在給整個健康醫療領域帶來一輪巨大的變革。可穿戴式裝置的最大價值就在於讓人體的生命跡象資料化，這也是可穿戴式裝置區別於其他任何智慧產品的唯一價值所在。無論是智慧家庭、智慧型手機、智慧型機器人，能做到的都只是在人體之外的智慧化，無法實現根據人自身生命跡象的變化而主動變化。尤其對於行動醫療類產品，如果只是基於手機而沒有與人的生命跡象進行深度綁定，所能解決的問題幾乎都是停留在醫療資訊化的層面，比如掛號、支付等。

因此，可穿戴式裝置不僅僅是智慧硬體小型化那麼簡單，真正的價值在於將人的動態、靜態各種行為與生命跡象資料化，這種變化所帶來的不僅是顛覆人類生活、商業的方式，而是能真正意義上的實現行動醫療、健康管理。

其中，智慧手錶就是當前最具代表性的可穿戴式裝置。2014 年 9 月 10 日，在 Apple 的秋季發佈會上，庫克對外發佈了 Apple 的第一款智慧手錶，並將其定位於運動健康。具體來看，Apple 第一款智慧手錶配備了心率感測器、加速感應器、陀螺儀和氣壓計，能監測心率、記錄消耗卡路里，還能提供一個健康資料報告。

自此，智慧手錶就像野火燎原一樣在醫療健康領域蔓延開來。Apple 手錶在 2015 年上市後僅 9 個月，出貨量就達到了 1160 萬；相較之下，2014 年智慧手錶全年市場出貨總量都不足 700 萬。隨後幾年裡，Apple 手錶更是長驅直入，甚至在 2017 年超過了傳統表業龍頭勞力士，成為全球銷售額最高的手錶。

從需求角度來看，如今，健康功能已經是影響消費者選購智慧手錶的最主要因素之一，智慧手錶也在醫療保健領域扮演著越來越重要的角色。全球貿易監測機構 Global Market Monitor 在 2021 年的一項調查顯示，在智慧手錶眾多功能中，健康監測的關注度遠超通話、視訊、定位等，超過 70% 的潛在消費者在選購智慧手錶時，會優先考慮產品的健康檢測功能的完整性。

一方面，是因為現代人們對自身健康愈發重視。尤其是全國第一大健康「殺手」心血管疾病正日益年輕化，頻頻出現的年輕人「猝死」新聞，正不斷敲響關注健康的警鐘。當然，不僅是年輕人，中老年人群對智慧手錶的需求也快速增長。比如，家裡老人不慎跌倒或某個健康指標突然異常時，智慧手錶能立即聯繫緊急連絡人，甚至自動報警，這在保護老人健康安全的同時，也使其家人更具安全感。

另一方面，設備智慧化趨勢使人類需要一把在能夠高效控制這些智慧設備的鑰匙。既擁有時尚科技感外觀，又能隨時隨地提供運動、睡眠、心率、血氧等健康資料的智慧手錶，就成了滿足現代人關注健康指標變化的一個不錯的選擇。

以血氧監測為例，若血氧飽和度在 94% 以下，就會被視為供氧不足。許多臨床疾病都會造成供氧不足的情況，直接影響細胞正常的新陳代謝，可以說，血氧檢測對於臨床醫學而言十分重要。但追溯血氧測量最原始的方法，需要先采血，再經過血氣分析儀進行電化學分析，最終得出血氧飽和度。這一方法步驟繁雜，且無法實現連續檢測。

而隨著臨床醫學的發展，如今普遍採用無創式血氧測量，只要為患者佩戴一個指壓式光電感測器，就能實現連續性的血氧檢測。其實質是使用波長 660nm 的紅光和 940nm 的近紅外光作為攝入光源，測定透過組織床的光傳導強度，計算血氧濃度及血氧飽和度，經儀器顯示結果。透過類似原理，智慧手錶就能夠實現測血氧功能，能夠透過測量人體動脈血氧飽和度來判斷人體是否健康。

並且，像這樣的功能還有很多，包括幫救援隊找到跌落懸崖者的定位、在疫情期間為新冠肺炎（COVID-19）防治提供血氧值參考等等。當前，一眾科技大廠還在卯足勁鑽研優化智慧手錶的健康監測功能。2021 年底，華為推出了其首款可測量血壓的新款智慧手錶 HUAWEI WATCH D，蘋果 Apple Watch 的移動心電圖房顫提示功能在中國上線，其血糖、血壓監測功能的爆料也層出不窮。此外，華為、OPPO 等企業也創立了運動健康科學實驗室，以重點攻克運動健康領域的技術難關。

可以說，智慧可穿戴式裝置的健康監測功能幾乎是不可代替的，這也是健康管理未來的長趨勢。

未來的可穿戴式裝置還將如今天的智慧型手機，徹底改變人們的生活方式。例如晨練時，有鞋子計算運動的距離和消耗的卡路里，有眼鏡拍攝看到的風景，有藍牙耳機監測血氧含量等。可穿戴技術即將大規模進入普通人的生活，進入生活的每一個角落，將為人類帶來重大的科技變革。

十年前很少有人想到，智慧型手機將取代電腦，成為男女老少上網的必備品；正如今天很少有人相信，可穿戴式裝置可能成為下一個智慧型手機，改變人類的生活方式，帶來下一個十年的重大投資機會。

可穿戴式裝置為行動網路新的入口，將引領個人局域網的全面升級。可穿戴式裝置之所以吸引人，是因為它可以使人類脫離電腦和智慧型手機的限制，催生新的行動網路入口。目前，依賴於智慧型手機的行動網路還比較局限，智慧型手機不但充當聯網伺服器，還充當輸入和輸出終端；而可穿戴式裝置的普及和推廣將改變這一狀況，今後，智慧型手機僅充當聯網伺服器，而可穿戴式裝置將成為行動網路輸入和輸出終端，可以解放雙手，讓人們隨時隨地接入網際網路。

「可以預見，未來可穿戴式裝置將從總體上降低總體的醫療成本。」英國 ARM 首席執行官西蒙 · 西格斯表示，偏遠地區的人在家中就能傳送高清資料，並得到遠端的分析和治療，免去奔波之苦。可穿戴式裝置結合網際網路，以及搭建的大數據平台、雲端運算、專業醫師等，將簡化整個醫療過程，並帶來前所未有的全面的健康管理。

未來，可穿戴式裝置能夠時刻追蹤人體各項生理指標，這些資料首先由設備記錄，接著透過網際網路、雲端、移動健康平台等生態系統內的配套建設，對資料進行分析回饋，為用戶提供有針對性的健康建議，幫助用戶預防疾病，或者為有診療需求的用戶推薦相應的醫療資源。

可穿戴式裝置時代的網際網路入口將不僅僅局限於狹小的範圍，而是人所到之處，所觸碰的任何東西都可能成為入口，並且這個入口所帶來的資訊含量及其準確性也將遠遠超過傳統的網際網路入口方式。

就如上文而言，可穿戴式裝置狹隘些定義就是感測器穿戴，使用者使用可穿戴式裝置，並非因為那些如今智慧型手機都已經涵蓋了的功能，而是因為那些由散佈於人體各個部位的感測器所產生的資料，在深度分析這些資料的基礎上，使用者可以在醫生之外準確地瞭解到自己的身體狀況，並及時對自己的身體進行調整。

比如，如果你患有高血壓或者心臟病，在你即將達到飲酒量的極限時，可穿戴式裝置便會發出警告，阻止你繼續喝，並且會建議你改吃什麼樣的食物調理身體。

如果你生病了，並且不知道患的是什麼病，按照傳統的方式，你便會考慮去煩瑣的醫院，但此時，小小的可穿戴式裝置背後其實有無數的醫生正在觀察著你，它會在極短的時間內收到一份身體檢查報告，以及處方。而這個處方其實也已經被發送給了合作的藥商，10 分鐘內，你的藥就送到了門口。

簡而言之，未來的醫療將在很大程度上降低整個醫療成本，特別是患者的時間成本，而這恰恰是目前傳統醫療最大的問題。未來的每個人都能輕易地瞭解自己的身體健康情況，成為自己健康的主導者，而醫生可能只是起到協助的作用。

8.3 可穿戴 + 慢性疾病管理

在過去的 200 年裡，人類的平均壽命增加了一倍多，這一巨大的成就主要得益於現代醫學和公共衛生計畫的進步，使得更多的人能夠免疫兒童期疾病，同時也能夠延長生命週期。

然而，隨著人口高齡化趨勢的加劇，長壽的人群不斷增加，慢性疾病的增加也成為了一個顯著的問題。尤其是糖尿病、帕金森、阿茲海默症等慢性病，發病症狀不明顯，早期病症不容易被察覺，而晚期確診後往往需要大量的人力、物力來對患者進行日常照料與護理，嚴重影響患者的身體健康和生活品質。

在美國，大約 60% 的成年人患有一種或多種慢性病，從心臟病、哮喘到阿茲海默症、腎病和糖尿病。這給醫療保健系統帶來了沉重的負擔，因為它們無法提供足夠的醫療服務，而且管理這些疾病的成本也很高。僅在美國，近四分之三的醫療保健支出與慢性病或相關併發症有關。

在中國，現也擁有超過 3 億的慢性病患者群體，慢性病致死人數已占到中國因病死亡人數的 80%，慢性疾病管理產生的費用已占到全國疾病總費用的 70%。已成為影響國家經濟社會發展的重大公共衛生問題。

究其原因，隨著年齡的增加，人體各個器官的功能逐漸退化，容易出現慢性疾病，如高血壓、糖尿病、腫瘤、心血管疾病等。此外，現代生活方式的變化也對慢性疾病的增加產生了負面影響，如不良飲食習慣、缺乏運動、壓力大等。並且，隨著現代醫學的發展，越來越多的慢性疾病得到了有效控制，使得人們能夠活得更久。這雖然反映了醫學技術進步的成功，但也意謂著慢性病的增加。

如何在長壽時代進行慢性病管理，已經成為一個不可回避的現實問題，而可穿戴，將成為這個現實問題的最佳解法。因為戴上醫療可穿戴式裝置，人們可以提前監測到一些慢性疾病，不能說就死不了，但還是可以提前預防疾病，至少可以死得晚一點。而且，這種透過科技的進步為病患切實解決預治療問題，才是人體可穿戴式裝置的真正意義。

並且，醫療可穿戴將大幅降低醫療成本。我們都知道，慢性病的治療往往需要頻繁的複查、長期的治療和藥物的支持，才能控制病情。而這就需要患者保持持續穩定的就醫習慣，包括時間和金錢上的巨額成本。但可穿戴式裝置就能打破這種傳統的治療模式，極大地降低醫療成本。比如那些身處偏遠山區的慢性病患者，基於遠端醫療技術，在藉助醫療級別的可穿戴式裝置，能夠及時獲得醫療資訊與醫療支援，使他們省去一趟趟大老遠跑到醫院檢查的成本。同時，患者還可以透過醫療可穿戴式裝置，經常與主治醫生保持穩定的聯繫，溝通交流病情，更好地遵照醫生的吩咐服用藥物、生活等，這不僅能更有效地控制病情惡化，還可以由此降低就醫次數，減少醫療費用。

不僅如此，慢性疾病管理也是醫療可穿戴重要的市場機會點。究其原因，一方面，對於普通的可穿戴式裝置而言，其大部分功能都需要使用者形成新的使用習慣，這顯然不容易。尤其從市場行銷層面來看，當企業產品進入一項全新技術的市場，其對用戶的培養、教育成本是非常高的。比如在健康管理應用領域，一款運動手環為了不被用戶過快地丟棄，需要不斷地想辦法滿足用戶的需求，就像透過社交平台設定一些互動激勵方式，讓使用者能從中感覺到樂趣；還需要不斷地對設備進行改進升級。用戶從完全陌生到熟悉瞭解，再到穩定的狀態，這當中需要經歷一個漫長的過程。

但是，在慢性疾病領域，可穿戴式裝置所面臨的境況就不一樣了。因為在「可穿戴式裝置」這個名詞還沒出現的時候，那些在生活中被叫電子血壓計、血糖儀之類的設備已經在我們的日常生活中普遍地存在著。而現在就是把它們升級一下，換了個更高級的名字，叫智慧可穿戴血壓儀或者血糖儀；或者換個外觀與技術表現方式，比如以電子紋身的方式和身體無縫融合，再藉助於智慧型手機的這塊螢幕呈現資料回饋等。

無論以後的電子血壓儀一族的設備們變成什麼樣子，使用者接受起來的速度，相較於其他的可穿戴式裝置來說，都要更容易更迅速些。因為用戶在前期已經培養起了對這類設備的穩定使用習慣，後期只要稍微對一些新功能進行簡單的培訓，就能上手。而這對於企業來說，最大的價值就在於簡化了前期的使用者培養，縮短了產品市場導入，節約了巨額的運營成本。

另一方面，慢性病患者這個群體有一個比較突出的特點，就是他們的需求出發點是監測準確的技術性，而非娛樂時尚性。不會像當前一些健康娛樂類可穿戴式裝置的使用者一樣，由於玩膩了，失去新鮮感了，或者不夠好看不夠有趣就把這款設備遺棄了。相反，只要這款設備達到了他們所要的那個單一的結果就可以了。

比如高血壓患者每天都需要定期測量血壓，按時服藥，那麼這款設備能測出精準有效的血壓資料就行了。對於可穿戴式裝置研發人員而言，也只要把設備打造得使用更加方便、精準，比如能 24 小時黏附在用戶身體上的某一個部位，自動定期進行血壓測量，並且還能將資料分析回饋到使用者的手機上，最後還附帶生活飲食建議以保持血壓穩定等。此外，還可以跟醫院連通，儘量減少慢性病患者去醫院的次數，使無論身在何處的患者都能夠和醫生有穩定的溝通。如果前期的健康管理工作做好了，一切生理指標都穩定，自然還能減少患者去醫院的次數。

英國華威大學的一位研究員 JamesAmor 博士認為，就老年人如果能佩戴可測量心率、溫度、運動和其他生理特徵的智慧手錶或智慧服飾，整個活動監測就可以讓家屬和護工瞭解老年人的健康和日常行為。同時，利用可穿戴式裝置，基層醫療衛生機構可以建構各大社區的居民電子健康檔案，及時瞭解社區慢性病流行狀況和問題。在這個基礎上，除了能幫助慢性病患者管理疾病之外，還能搜集相關的資料樣本用於醫療研究。

因此，這類人群未來會成為可穿戴醫療領域內最穩定的用戶群體，而反過來，他們也是真正需要可穿戴醫療類設備的人群。而且，伴隨著高齡化、慢性病等給社會醫療帶來的壓力，醫療可穿戴能否從新的角度切入為用戶帶來更多切實的價值，也關係著國家的經濟和發展。

8.4 不同人群的醫療可穿戴

根據市場細分原則，可穿戴式裝置可以從運動手環、智慧手錶、智慧眼鏡等不同的產品形態入手做市場規劃，使目標更加明確清晰化。另外，更為重要的一方面就是根據不同的人群進行市場細分，比如嬰幼兒、兒童、女性群體、老人、殘疾人士等，研發針對他們需求的設備。只有足夠精準細分，才能真正使產品打動使用者，佔領市場，走入用戶的生活中。因此，如何定位市場，如何做到足夠精準細分，使產品真正打動使用者，佔領市場，是整個可穿戴醫療市場未來發展的主要方向。

8.4.1 嬰幼兒類設備

由於嬰幼兒各方面的意識薄弱，且時刻需要被監護等特殊需求，因此，針對他們的可穿戴式裝置在安全性方面需要達到更高的要求。

這類可穿戴式裝置的主要功能是記錄與監控嬰幼兒的睡眠品質、翻身運動、體溫心跳等健康指標，將資料傳遞到父母的電腦或手機上，並進行一定的處理分析服務。同時，如果出現嬰兒爬出或掉下嬰兒床的意外狀況，此類設備需要即時透過短信等方式向監護者發出警報。

曾經也出現了各種針對嬰幼兒研發的可穿戴式裝置，以幫助年輕的父母親快速成為育嬰高手。

比如，Sproutling 公司推出的一款嬰兒智慧腳環（圖 8-1），可以時刻監測寶寶動作、心跳和室內環境（包括溫度、適度、噪音、燈光等），除此之外還具有定位功能，用來匹配所在城市的天氣資料。

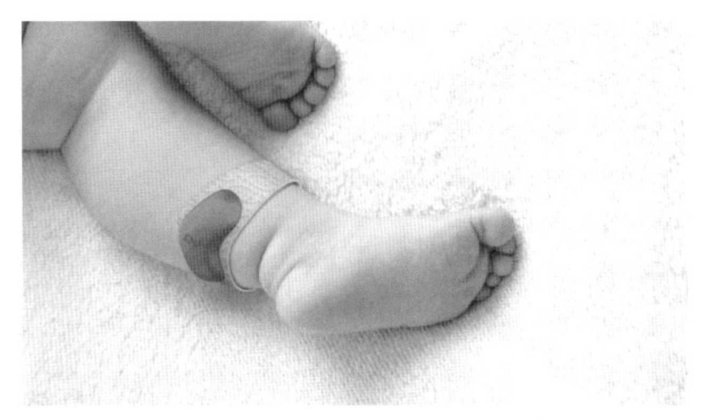

圖 8-1　Sproutling 公司推出的嬰兒智慧腳環

這款腳環由室內感應器、腕帶和手機軟體三部分構成。腕帶採用白色醫用材料，正中一顆賣萌的紅色桃心，內建電池和四個感應器。此外，Sproutling 公司還專門建立了一個 0 到 1 歲嬰兒的健康資料資料庫，父母可以事先設置好寶寶的年齡、體重、身高等資料，接著透過手機與這款設備進行連接，一旦資料分析出現異常，Sproutling 腳環會立即自動發出警報以提醒父母注意。這樣的話，即使父母不在寶寶身邊也能時刻關注到寶寶的身體狀態，也就不用整夜整夜地睡不踏實，生怕自己睡太沉了，生怕寶寶摔下床或者其他不好的事情發生。

再比如，2018 年有個統計資料讓人心痛，全球有 250 萬個新生兒在剛出生的第一個月就離開了我們，其中非洲和南亞的嬰兒占死亡人數的 87.7%。這個驚人的數字觸動了英國劍橋諮詢公司的設計師 Chris Barnes 和他的團隊，他們決定採取行動，設計出了一款名叫「Little I」的神奇的健康監測儀（圖 8-2），就像它的名字一樣，像一隻溫暖的小眼睛，時刻守護著寶寶們的健康，為生活在醫療資源匱乏地區的新生兒點亮生命之光。

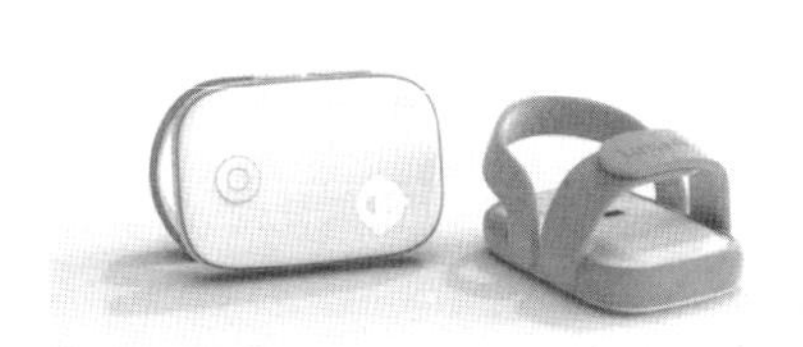
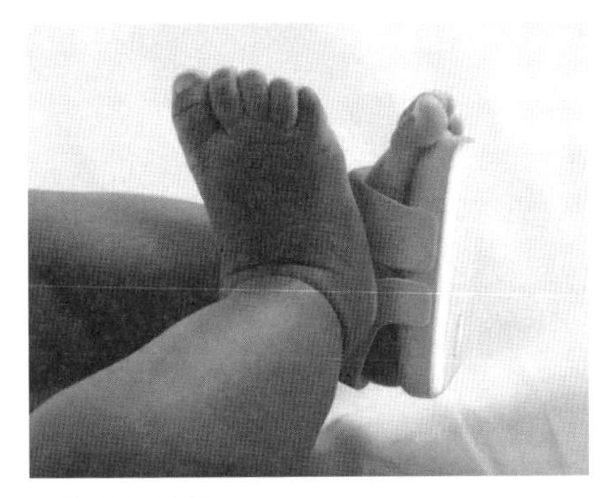

圖 8-2　Little 健康監測儀

這是一款形狀像鞋帶的可穿戴式裝置，用矽膠帶和 ABS 外殼固定電子元件。只要把它放在寶寶的腳上，就會自動開啟，開始透過內建的溫度感測器和 SPO2 感測器，持續監測寶寶的體溫和血液中的血氧飽和度。它的使用者介面非常簡單，就像交通燈一樣，透過顏色和圖示，以及獨特的聲音，家長們就可以清楚地知道寶寶的健康狀況，如果有問題，小眼睛還會發出警報，提醒家長及時採取行動（圖 8-3）。

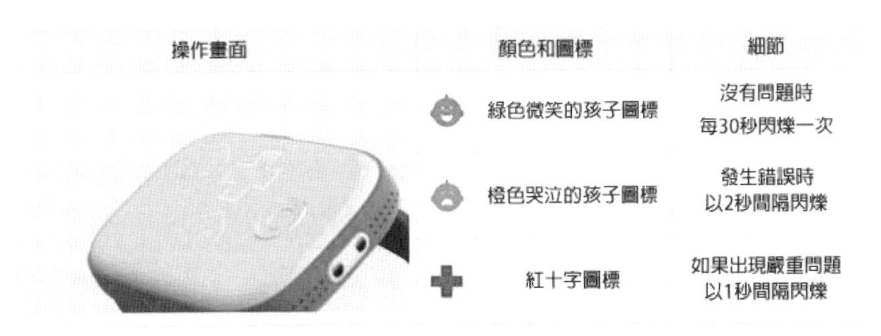

圖 8-3　監測介面

這款被稱為小眼睛的可穿戴式裝置，陪伴寶寶度過了他們的第一個月。如果在這期間有任何問題，家長們會及時得到提醒。一個月後，小眼睛就會在醫生的檢查後被收集起來，然後清潔、充電，等待下一個使用者。這款產品的投入使用，就在一定的程度上降低了新生兒在第一個月內的死亡風險。

目前，市面上類似於這樣的產品還有 Owlet 嬰兒護理公司研發的智慧襪、Mimo 公司和 Exmovere 公司生產的嬰兒智慧睡衣、紐約 Pixie Scientific 公司研製的智慧尿布等。

總而言之，嬰幼兒群體對於可穿戴式裝置的四大主要要求就是安全、舒適、準確、及時，企業若考慮進入這一市場，除了硬體以外，還需搭建完善的服務平台，特別是傳統從事生產嬰幼兒產品的企業，要利用自身對這一市場的瞭解以及前期累積的用戶群體，在合適的時間推出可穿戴式裝置，將更容易首先撬動這個市場。

8.4.2 兒童類產品

據調查，中國每年約有 20 萬兒童失蹤，而能夠最終找回的只占了其中的 0.1%，每一個走失或者失蹤孩子的背後都是一個再也無法完整的家庭，兒童安全也逐漸成為整個社會越來越重視的公共安全問題。

目前市面上大部分針對兒童的可穿戴式裝置，其功能相對比較簡單，主要是定位與追蹤，而這也是繼健康管理之後，可穿戴式裝置的有一大「戰場」。用於保障兒童安全的可穿戴式裝置大部分都是基於「硬體＋軟體＋雲端」三合一的運作方式，企業除了研發基本的硬體以外，還開發相應的手機應用及資料分析平台，給用戶帶去更全面優質的體驗，同時也開拓更多潛在的獲利空間。

比如，2022 年 2 月，在中國的一家企業就發佈了一款兒童智慧鞋。這款兒童智慧鞋內建晶片，可以實現定位，防止兒童走失。不同於市面上其他定位產品用 GPS 信號定位，這款被稱為 58° C 的兒童智慧防走失鞋透過軟硬體信號波段的傳輸實現了即時定位的功能，且可以有效期達到 2 年之久，期間無需充電。由於晶片設計體積小且具備防水功能，把晶片植入到鞋子的底部。這樣設計的好處是，用戶可正常洗刷鞋子，不影響使用性能。並且每個兒童防走失晶片對應一個安全碼，監護人下載 APP 並完成註冊後，搜尋到鞋子對應的安全碼，就可以綁定這雙鞋子，一個安全碼只能綁定一個手機號碼。不過，監護人透過分享可以授權給多個人，一個孩子就可以同時有多位監護人看護。

兒童被拐賣這種事情不僅在中國，在其他一些國家也是長期存在的社會問題。因此，防走失這種功能的智慧鞋在一定程度上能打擊這種潛在犯罪的發生，而這款智慧鞋透過 APP 預設距離，當鞋子超過安全範圍即刻觸發手機警報，讓監護人可以在機場、火車站以及公園等人多的公共場所，有效防止小孩走失。同時，這款兒童智慧鞋除了防走失功能之外，還具備落水感應功能，當孩子在戶外出現落水情況，APP 即刻發出警報，為解救孩子贏得關鍵時間。

可以說，針對於兒童的智慧穿戴產品是全世界各國父母的需求。儘管市場有龐大的需求存在，但對於欲要進入這一領域的企業或者創業團隊而言，除了研發續航能力更強、定位更精準、輻射值低等特點的兒童定位可穿戴式裝置以外，還要想方設法解決設備會因各種原因離開兒童身體這一致命的問題。

8.4.3 老人類產品

養老已經成為全球共同的難題，特別是伴隨老年人而來的慢性疾病以及護理問題，成為了各個國家在醫療方面不可忽略的一筆財政開支。對於這兩個問題，可穿戴式裝置開發者便可以研發居家養老類的設備以及搭建相應的社群養老大數據平台來緩解養老問題。

特別是在重視養老觀念的中國，智慧化居家養老將成為未來的主流。根據有關調查研究，選擇居家養老的老年人占 90%，只有約 10% 的老年人選擇機構養老。在這種情況下，如何把養老服務延伸到居家養老的老年人，滿足他們對社會化養老服務的需求，是市場關鍵的重點。

此外，還有發病率逐年升高的阿茲海默症（俗稱：老年癡呆症）患者。目前全球 3000 多萬老人患有老年癡呆症，其中更有超過四分之一在中國。老年癡呆症患者部分喪失了行為自理能力，最突出的問題就是出門不認路，離家稍遠就會走丟。因此，這一老人市場的可穿戴式裝置除了記錄記錄老人的心跳、呼吸等健康指標外，還需要記錄老人的即時位置。

此類產品目前同樣處於初步開發的階段，市場上還沒有出眾產品，主要的產品載體是鞋子、手機或者掛件。比如，美國 GTX 與 Aetrex 制鞋公司聯合研發的定位鞋子，做到了化定位設備於無形，老人或許根本就感覺不到自己攜帶了 GPS 設備。這款鞋子看起來和普通鞋沒有明顯區別，但其中內嵌的 GPS 晶片，監護者可以透過手機和電腦軟體，即時獲知患者所在的位置，同樣具有安全區域提醒功能。

另外，中國目前也有一些企業以智慧手錶為載體，主打老人健康監護方面的功能，透過智慧手錶在老人、醫院、親屬之間建構一個資訊圈，除了日常的健康監護與提醒之外，還可以在老人發生一些緊急的生命危急情況下自動連接醫療機構展開救護。

8.4.4 肥胖人群

今天，我們已走進一個瘋狂製造肥胖的時代。過去幾十年裡，世界上大部分地區肥胖人群的比例都處於持續增長狀態，在發展中國家情況尤為嚴重。

2016 年英國著名醫學雜誌《柳葉刀》發表的全球成年人體重調查報告顯示，全球成人肥胖人口已經超過瘦子，而中國超越美國，肥胖人口已近 9000 萬，其中男性 4320 萬，女性 4640 萬。中國成為全球肥胖人口最多的國家。北京大學公共健康中心的一項研究也指出，至 2030 年，每 4 個孩子中，就將有一個是超重的。即時，中國將有 5000 萬兒童的體重被列為超重或肥胖。

世界衛生組織日前稱，每年約有 340 萬名成年人死於肥胖導致的心血管疾病、癌症、糖尿病和關節炎等各種慢性病，顯然，肥胖已經從關乎身材至如今關乎一個人的性命安危了。

然而，目前還沒有一個國家對這個問題能有一個好的應對策略以真正降低本國的肥胖率，肥胖問題已經成為了全球範圍內一個重要的公共衛生挑戰。

解決肥胖問題，節食或者抽脂都是治標不治本的非可持續性策略，唯有透過長期有規律的運動和飲食，以及良好的生活習慣才能從根本上解決這一問題。

所以，如何讓這個群體願意去運動並且達到自然減肥效果，還能幫助他們建立良好的生活習慣，提高身體健康指數，我認為這才是整個減肥運動市場真正的「痛點」。

近幾年開始逐漸火爆起來的可穿戴式裝置已經成為這一市場的敲門磚，而未來，它將成為減肥市場最具競爭力的產品，因為它的優勢明顯，主要由以下四方面：

首先，可穿戴式裝置可以 24 小時貼身佩戴。目前還沒有任何一款智慧設備能夠做到這樣，即使是手機，用戶也會因為輻射儘量在晚上入睡時，將其關機放置離自己比較遠的地方。

其次，可穿戴式裝置 24 小時即時不間斷監測使用者健康資料。這是可穿戴式裝置目前最大的價值所在，因為產生的這些資料將可以用於生活的各個方面，特別是在醫療健康方面產生的影響，將帶領我們進入「未病」時代。

第三，可穿戴式裝置的社交化及與醫療保險公司的合作將促使用戶持續參與運動，建立良好的生活習慣。

另外，目前市場對於運動健康類設備或者手機應用正處於一個高增長的活躍度。隨著可穿戴式裝置的優勢在這一方面的日漸呈現，其在健身減肥市場的爆發將會隨之到來。

我一直說健康醫療行業將首先成為了可穿戴式裝置市場的增長點，根據市場細分準則，專注於其中的減肥人群會成為可穿戴式裝置的重點。

從上文對市場背景以及可穿戴式裝置本身優勢的闡述，都在證明可穿戴式裝置在減肥市場將大有作為。因此，我建議可穿戴式裝置的投資者及創業者們，可考慮從減肥這一細分市場切入，這將會是可穿戴式裝置又一個極具潛力的市場。

8.4.5 殘障人士

如何幫助殘疾人更好的生活，融入社會，成為世界關注殘疾人的各界人士所思考的問題。而可穿戴式裝置無疑是幫助殘疾人最好的辦法。透過開發一系列可穿戴式裝置，幫助殘疾人像健全人一樣生活，顯然具有極其廣闊的市場和發展空間，如利用外骨骼（Exoskeleton）幫助癱瘓人士重新站起來，利用特殊的眼鏡幫助盲人重新獲得「光明」，利用先進的設備和系統幫助聾啞人重新「說話」等，都有許多科技公司開始著手開發甚至投入市場。在這一領域，最受關注的就是基於腦機介面技術的可穿戴式裝置。

比如，BrainCo 公司就致力於將腦機介面底層技術應用於不同領域，在不同領域打造顛覆性產品，包括 BrainRobotics 智慧仿生手、針對孤獨症（自閉症）干預的 StarKids 開星果腦機介面社交溝通系統、Mobius 智慧仿生腿等。其中，BrainRobotics 智慧仿生手是一款融合 BCI 與人工智慧演算法的高科技殘障輔具，這款產品可以透過識別佩戴者的手臂肌肉神經信號，讓上臂截肢患者像控制自己的真手一樣控制智慧仿生手，做到手隨心動。2019 年，BrainRobotics 智慧仿生手被美國《時代》雜誌評為年度百大最佳發明。2020 年，該仿生手獲得德國紅點獎最佳設計獎（best of the best）。

再比如，2024 年，哈佛大學和波士頓大學的研究人員開發了一種柔軟的可穿戴柔性機械外衣，能夠幫助帕金森病患者行走而不僵直。這套機械服裝穿在臀部和大腿周圍，在腿部擺動時輕輕推動臀部，幫助患者實現更長的步幅。這一裝置能夠完全消除受試者在室內行走時的僵硬感，讓他們比沒有服裝幫助時走得更快更遠。研究團隊表示，他們的機械服裝只需提供少量機械輔助，就能產生立竿見影的效果，並能持續改善研究物件在各種情況下的行走能力。這不僅可以讓帕金森病患者不僅恢復行動能力，而且恢復獨立性。

（1）人造眼球

一家生物創業公司研發了一款人造眼球（圖 8-4），採用 EYE（Enhance Your Eye）系統，能讓盲人重新看清這個世界。公司主要採用 3d 列印技術製造人體器官，目前已成功制出耳朵、血管、腎臟等。不過據負責人表示，由於其自身的複雜性，眼球要被成功列印出來的確是一件不簡單的事情。

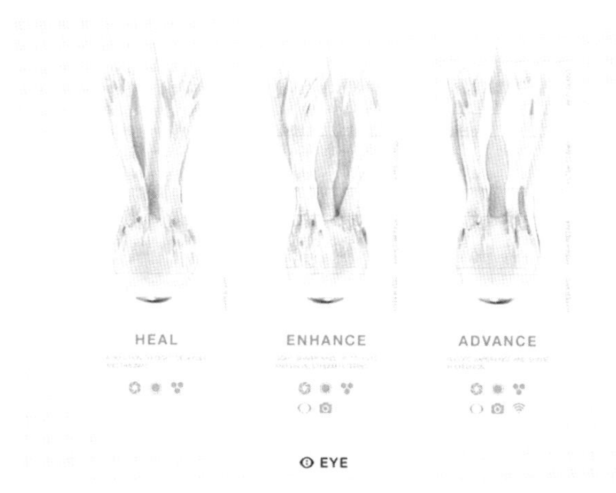

圖 8-4　人造眼球

目前公司提供了三種不同款式的眼球系統。Heal 為標準版本，擁有電子虹膜；而 Enhance 則增加了電子視網膜及攝像濾鏡（復古、黑白模式等）；而最高端的 Advance 還增加了 Wi-Fi 功能。感覺眼球變成了和手機一樣的電子設備……

如果要使用 EYE，患者需要摘除原有的眼球，然後植入 Deck 視網膜，令其和大腦進行「匹配」。研究者表示，人造眼球預計要到 2027 年才能真正上市，暫時也沒有相關的實物圖。

但不論是先天的視覺障礙，還是隨著年齡衰老而出現的視力障礙，視覺障礙一直是困擾人類社會的一大問題。而藉助於智慧技術與腦機介面技術的結合，就能重新賦予視覺能力，這對於人類社會可以說是非常重要的一項革命性技術。

（2）針對自閉症兒童的緊張情緒控制設備

自閉症兒童有時在發聲時會面臨巨大困難，特別是在他們感到緊張的情況之下。為此，老師和家長都需備加小心，以防止這些兒童緊張。

研究表明，約一半的自閉症兒童在從家中去學校或從學校返回家中的某個地方走丟。其中的部分原因就是由於他們緊張，另外的原因則是他們在面臨危險時措手不及。

針對這個問題，可穿戴式裝置領域已經推出了兩款用於控制自閉症兒童不安情緒的設備，分別是 Neumitra 和 Affectiva，這兩款設備旨在測量人的生理反應。這些設備能夠用於各種醫療目的，例如追蹤病人創傷後的緊張情緒和焦慮不安等資訊。這些智慧腕帶還可以針對成千上萬的自閉症人群，可以讓他們的看護人更加容易地追蹤他們的緊張程度。

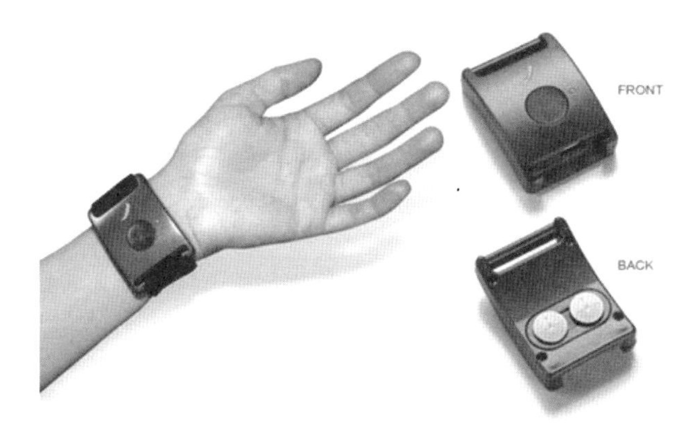

圖 8-5　Affectiva 腕帶

此前，相關機構就已經開始測試 Affectiva 腕帶。據美國俄亥俄州的自閉症協會此前稱，學校的老師會在班上分發這種腕帶，之後老師將利用這些腕帶覺察學生的行為或行動，就能判斷出學生的精神狀態，包括焦慮與放鬆的時刻。

（3）意識控制的輪椅

2022 年 11 月 19 日，細胞出版社（Cell Press）旗下期刊 iScience（《交叉科學》）上發表了一項研究，研究人員證明，在經過長時間的訓練後，四肢癱瘓使用者可以在自然、雜亂的環境中操作思維控制輪椅。這項研究主要是基於腦機介面技術所展開，「我們發現，使用者和腦機介面演算法的相互學習對使用者成功操作這樣的輪椅都很重要。」該研究通訊作者、德克薩斯大學奧斯丁分校 José del R. Millán 說，「我們的研究突出了改進非侵入性腦機介面技術臨床翻譯的潛在途徑。」

Millán 和他的同事招募了 3 名四肢癱瘓的人進行縱向研究。每個參與者每週接受 3 次訓練，並持續了 2 到 5 個月。參與者戴著一頂無邊便帽，透過腦電圖（EEG）檢測他們的大腦活動，並透過一個腦機周邊設備將其轉換為輪椅的機械指令。參與者被要求透過思考移動他們的身體部位來控制輪椅的方向。簡單來說，就是藉助於腦機介面技術來實現對輪椅的控制，包括在複雜環境中能夠按照癱瘓者的大腦意志進行行駛。

目前這項研究取得了一定的進展，儘管距離真正的應用還存在一些問題需要克服，但這已經讓我們看到了基於腦機介面所構建的可穿戴式裝置將對我們人類社會帶來非常深刻的影響。

（4）Emotiv Insight Brainware

圖 8-6　Emotiv Insight Brainware

此前，歐洲電子大廠飛利浦（Philips）與愛爾蘭顧問公司 Accenture 合作，開發利用腦波來控制家電的解決方案，好讓肢體癱瘓的病患能有更正常的生活。他們為這款產品命名為 Emotiv Insight Brainware 的可穿戴腦波追蹤設備，以實現幫助肌萎縮性脊髓側索硬化症（ALS，又稱「漸凍人症」）的患者提供控制周圍環境的可能。

Philips 的數位加速器實驗室（Digital Accelerator Lab）的目標是將新開發的腦波控制器與其他裝置整合，例如其生命線醫療警報服務（Lifeline Medical Alert Service），只要用想的就能撥打緊急醫療救護電話。此外 Emotiv Insight Brainware 可以掃描患者的 EEG 腦電波，並據此繪製出「大腦電腦互動介面」，隨後，設備所採集到的資料將傳輸到平板電腦上，讓漸凍人症患者透過平板電腦發出指令來控制飛利浦公司的電子產品，比如控制燈光的亮度，開、關電視並調整音量等。

（5）Dot 盲文手錶

韓國一個新創團隊 Dot 開發了世界上第一款盲文智慧型手錶（Braille SmartWatch）。Dot 與其他智慧型手錶一樣，能夠佩戴在手腕上。不過它的功能面板不是普通的觸控螢幕，而是連串的突起（圖 8-7）。

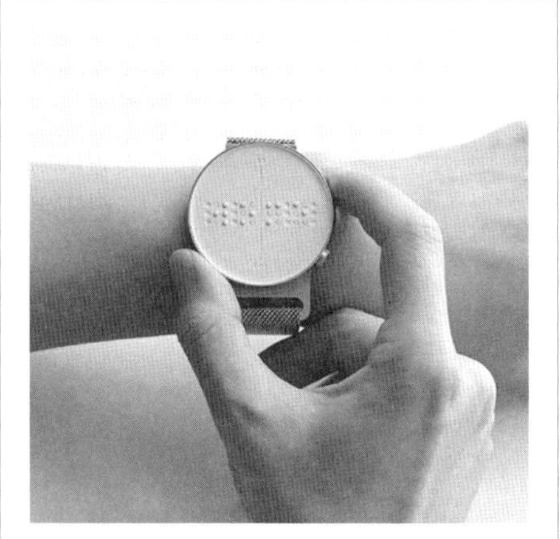

圖 8-7　Dot 盲文智慧手錶

它能夠與手機配對，當使用者的手機收到文字訊息後，會翻譯成盲文發送給 Dot，Dot 就透過震動提醒用戶。這些突起共有 4 個橫排，每橫排有 6 個點，它們能夠上下浮動展現盲文字變化。盲文變化的速度根據需要進行調節和設定，最快每秒 100 字，最慢每秒 1 個字。

除此之外，Dot 還擁有手錶、鬧鈴、提醒等功能。盲人只需一摸就能知道時間，按側邊的按鈕，手錶還會直接報時，用戶還能用它發送訊息。這款設備還開放了 API，任何開發者都能額外開發應用程式來強化產品。

很顯然，這款產品在融入人工智慧後，藉助於 AIGC 的生成式語音功能，就能讓盲人擺脫對於盲文的識別依賴，而是藉助於人工智慧語音功能實現語言的播放與交流互動。

（6）專業運動類產品

與大眾健康類可穿戴式裝置不同，專業運動類智慧設備需要更加精準的測量運動員的各項心跳、呼吸身體指標，監控他們在運動場上的速度、跑動距離、耐力等資料。後期還需要更加專業的資料分析套件，幫助隊醫瞭解每位運動員的不同身體狀態，從而制定出各自不同的訓練和恢復計畫。此外，教練可以更加直觀地瞭解隊員的狀態，挑選最適合的球員上場比賽。

這一類型產品長期不為普通人關注，目前主要的產品有球衣、運動內衣，以及專門為帆船、登山、高爾夫、拳擊等運動研發的可穿戴式裝置。這類產品與其他普通的可穿戴式裝置最大的不同在於能夠為運動員制定專項的運動訓練計畫，精準地指出運動員在訓練的過程中的錯誤，並且有針對性地對其進行指導糾正。

此前，巴黎聖日爾曼足球隊的瑞典球星伊布拉希莫維奇在比賽結束後，就曾脫下自己的球衣，露出了類似女士胸罩的黑色內衣，令諸多球迷感到非常好奇。實際上，這是專業運動設備公司 GPSport 推出的運動資料內衣（圖 8-8），可以即時監控球員們在場上的身體和運動狀況。

圖 8-8　GPSport 推出的運動資料內衣

不只是巴黎聖日爾曼隊，西班牙皇家馬德里隊、英超切爾西隊等諸多歐洲豪門也採用了 GPSport 的產品，只是運動員很少會露出「女士內衣」而已。

除了 GPSport 的運動資料內衣，還有直接將記錄晶片嵌入英式橄欖球球衣的產品 Bro（圖 8-9）。這也是一款 GPS 記錄晶片，可以幫助球隊教練和隊醫瞭解每名隊員的狀況。如果一名球員的身體素質和運動狀態出現下滑，教練可以在 iPad 平板或者電腦上透過資料分析得到直觀的答案，從而選擇狀態更好的球員上場。

圖 8-9　嵌入晶片的英式橄欖球球衣的產品 Bro

很顯然，隨著人工智慧的加速實現，以及感測器的智慧化、微型化加速發展，可穿戴式裝置將會不斷深入到我們生活的各個方面，最終實現人與物的萬物智慧穿戴時代，這就為元宇宙的實現奠定了基礎。

CHAPTER

9 可穿戴 + 旅遊

9.1 打造個性化智慧旅行

當我們決定出去旅行的時候，為了使每場旅遊都能走出不可覆滅的深刻，我們往往需要提前做好各種準備。以特別流行在年輕人中的窮遊為例，我們要做的準備如下：

策劃大致路線，準備交通工具（提前購票或是租車），預定旅社，查詢氣候變化，搜羅旅遊攻略，做好經費預算，帶齊各種證件（身份證、護照、各國簽證等），一個無比沉重的行李箱（針對不同天氣準備的衣服、配 N 個鏡頭的單眼相機、移動電源充電線等），此外如果是跨國旅行的話，還得集中學習一下不同國家最基本的交流語言。

總而言之，想順利地完成一場有趣又有意義的旅行，從來都是一件十分艱辛的事情。

接著我們切換畫面，腦洞大開一下，在可穿戴式裝置時代的旅行是這樣的：

某天，你百無聊賴地坐在自家沙發上，手握遙控器尋找好看的電視節目，但是發現來回按了好幾圈也沒有找著。

此時，你身上的可穿戴式裝置們正在運用內建的高精度感測器分析你此時此刻的情緒，還對你所有的社交資料進行了綜合分析，最後得出的結論是：你應該來一趟精彩的旅行以充實生活了。之後，這些智慧穿戴式裝置就會根據我們平時的愛好、品味、消費習慣、經濟收支能力等方面的因素，藉助人工智慧為我們制定並推薦相關的旅遊路線，介紹每條路線的特點以及我們可能獲得的體驗。並且還會根據我們的工作時間，為每條路線做好時間規劃，以及相關的預算，總之就是一個比貼身助理還更貼心的旅行方案。總而言之，我們要做的選擇就一個：要不要去旅行，或者選擇哪個方案去旅行。

可穿戴式裝置已經給許多領域帶來了深刻的變革，比如醫療、遊戲、健身等，而顯然這種變革將會繼續延伸到與人有關的其他領域，比如就今天我要闡釋的旅遊領域。網際網路時代的旅行讓人們提前知道了很多資訊，然後藉助這些資訊你可以做相應的準備，但是可穿戴式裝置時代的旅行，是為你過濾掉了沒有價值的資訊，然後替代你去做相應的準備，為你打造專屬的個性化旅遊方案。

那麼，針對傳統旅遊方式中遇到的種種障礙，可穿戴式裝置是如何見招拆招的呢？

9.2 輕鬆解決一切障礙

9.2.1 身份識別障礙

出去旅行，各種身份證件不能不帶，各種銀行卡不能不帶，不然寸步難行，其實，不管是證件還是卡，其中都有一個關卡，就是證明你是你。但這一看似簡單的問題，卻在網際網路時代變得越來越難。

當下的身份驗證方式變得越來越多，安全保障也是層層升級，甚至已經有許多智慧設備可以直接採用人體生物特徵，比如指紋、心率、臉部特徵等進行身份驗證，這些方式既快速又安全，同時也受到了一大批消費者的歡迎。相比傳統的密碼加密方式，採用人體生物特徵進行加密解密的方式將會逐漸替代前者，成為未來各種社交網站、智慧設備、支付方式中最為主流的一種身份驗證方式，它的關鍵就在於能從真正意義上將設備與人體進行深度綁定。

然而，實現這種方式的絕對安全，可穿戴式裝置會是終極的選擇。為何這麼說？因為穿戴著它，就是個驗證。可穿戴式裝置相比其他智慧設備而言，不僅是最瞭解用戶，因為它的主要職能就在於搜集使用者身上的資料，而這些資料在經過後期的加工處理以及回饋，便成為了獨一無二的身份識別驗證碼。更重要的是融合了生物識別功能的可穿戴式裝置，更是具有唯一的識別性，比任何的證件都更為安全、可靠、有效、唯一。

換句話說，依託可穿戴式裝置打造的身份識別方式，不單單是依據某一樣人體生物特徵進行身份識別的，而是依據包括心率、血壓、血脂、臉部特徵、皮膚特點，甚至個人喜好等在內的具體或是抽象的各類資料綜合而得出的一個身份識別碼。這個身份識別碼是獨一無二且不可替代的，即使我們的設備不小心遺失，被他人撿到，也不會洩露任何有關我們的個人資訊，因為當它離開我們身體的那一刻就失效了，或許能看時間，但它的身份識別以及相關功能的隱私資料就會失效。這就是可穿戴式裝置巨大的魅力所在，也是它最為殺手級的應用。

出去旅行，免不了一系列繁瑣的檢票流程，你需要早早地趕到車站或者機場，一次又一次地排隊，一次又一次地出示你的身份證、車票、登機牌等。此外，整個過程中還可能會出現證件遺失等意外，本該是一件輕鬆愉快的事情，卻因為這些繁瑣的過程而變得令人煩躁不安。

接著，我們來看可穿戴式裝置的殺手級應用在旅行過程中將發揮怎樣的作用。很簡單，就是它能讓你的旅行變得更加輕鬆自在，達到無縫便捷的體驗。

可穿戴式裝置為使用者建立的唯一身份識別碼，比身份證還能有效證明你是你。單單一個可穿戴式裝置就替代了護照、登機牌、身份證等等雜七雜八的證件，以後，我們只需出示某款可穿戴式裝置，當然，植入式晶片或者電子紋身就會讓這些複雜的身份驗證變得更加簡單，只要感應或掃描就能完成一系列流程。在丟失的可能性這一方面，一隻帶在手上的智慧手錶，一個直接紋在身上的電子晶片相比各種證件，哪個更有可能丟失呢，明顯是後者。而且就算智慧手錶丟了，那我們還有智慧手環、智慧首飾、甚至智慧衣物，穿戴在身上的任何一樣東西都可以作為我們的身份證（圖 9-1）。

圖 9-1　智慧手錶上的身份驗證功能

此外，可穿戴式裝置的支付功能，能讓我們免去攜帶各種銀行卡、會員卡，並層層加密的繁瑣。它還能作為我們酒店的房卡，汽車的智慧鑰匙，總而言之，所有卡類、鑰匙類物種都可以歸入一隻可穿戴式裝置，所有檢票關卡、支付關卡、通行關卡都只需我們出示一隻戴在身體某部位的可穿戴式裝置。

不僅如此，可穿戴式裝置還會在每一個時刻根據我們的行程，以及後台大數據對於路況、景區狀況、酒店狀況等方面的資訊，結合我們平時的生活方式，在適當的時候給出提醒與建議。當然，我們也可以直接藉助於語音對話模式對資訊做出回饋，讓可穿戴式裝置直接幫我們叫車、辦理登機牌、購票、預訂酒店等。

9.2.2 語言溝通障礙

一想到跨國旅行，除了要考慮簽證、護照、貨幣等問題以外，還有就是語言。流暢的溝通會為我們在旅行過程中減少很多不必要的麻煩，特別是去到一些特殊的地方，需要當地導遊的時候，無障礙的溝通顯得格外關鍵。在這個問題上，有些人會選擇放棄某個好玩的地方，有些人則會在出遊之前花時間去突擊學習一下當地的語言，但這只是起到了皮毛的作用，那麼這個如何解決？帶隨身翻譯，一般人請不起，這個時候，可穿戴式裝置就能派上重要用場——它能為你提供即時的口頭對話翻譯。

當前的智慧眼鏡已經能夠提供這樣的服務。比如，Solos 宣佈推出了可即時翻譯語言的 Solos AirGo3 智慧眼鏡。這款智慧眼鏡使用 SolosTranslate 平台幫助打破語言障礙，促進不同語言背景的更好對話。

SolosTranslate 平台由 Solos 的專有軟體和 OpenAI 的 ChatGPT 提供支援，有望透過促進快速、高效和包容的溝通來改變國際商務、旅行和文化交流。

其操作模式包括偵聽模式，這一模式專為一對一交互量身定制，可直接在用戶面前捕獲和翻譯個人的語音。透過智慧眼鏡以使用者的首選語言謹慎地播放翻譯後的語音，確保私密和直觀的體驗。

組模式專為多人討論而設計，允許每個參與者使用他們喜歡的語言進行交談和傾聽。使用者可以透過行動條碼或網路連結輕鬆加入或發起小組討論，增強各種用戶偏好的多功能性和包容性。

對於文字模式，SolosTranslate 以書面形式提供翻譯後的消息，使使用者能夠顯示翻譯後的文字以供閱讀或選擇翻譯語音的音訊播放。在演示模式下，它使佩戴 AirGo3 的演講者能夠以他們的語言提供內容，並立即即時翻譯，以便觀眾以他們選擇的語言理解。

Solos 總裁 Kenny Cheung 在一份聲明中稱：「AirGo3 旨在不斷創新並適應消費者的需求。這種需求的一部分是重新構想的行動平台，使我們能夠以更自然的免提方式進行數位即時通信。」

可以預見，未來，隨著人工智慧在語音檢測、語音識別與分析等技術的不斷升級更新，解決不同的口音、種類繁多的方言和瞬息萬變的環境等問題時，即時翻譯就有了更大的發展空間了。當我們解決了某些可能會影響旅遊心情的各種語言與文字、語言的交流障礙後，接著就是如何藉助可穿戴式裝置增加旅遊過程中的樂趣。

9.3 人人都是自己的導遊

可穿戴式裝置無疑是所有智慧設備中最佳的資料載體，它不僅是資料的輸入端，同時還是資料的接收端，而這將為旅遊帶來無限的發展空間，比如最有可能先發生的就是傳統的導遊將會失業，主要原因是可穿戴式裝置比導遊更導遊。

如果我們有跟團去旅行的經歷便會知道傳統的導遊是做什麼的，不外乎給旅行團成員規劃旅行路線，安排衣食住行，以及到達每個景點時做一些基本的講解等，總而言之，導遊在整個旅行過程中的作用還是相當凸顯的，沒這號人物，旅行團就彷彿群龍無首，寸步難行。但是，未來的旅行最先被吃掉的行業將會是「導遊」，怎麼會這樣？如果我們真正地去體驗一次可穿戴式裝置時代的旅行，就知道「導遊」根本就弱爆了。

我們就拿之前的Google眼鏡為例，它才是一個全能型的無敵導遊。Google眼鏡可以在用戶的眼前投射虛擬的影像，並且內建語音瀏覽，真正做到了解放用戶的雙手，那麼把它嫁接在旅遊行業會給整個旅遊行業帶來怎樣的顛覆呢？

以後我們只要帶上擁有人工智慧技術的智慧眼鏡出去旅行就行了，即使是一個人也絕對能玩得滋滋有味，不會迷路，不會找不到道地的小吃，不會搭錯車，不會訂不到性價比高的旅社，不會進到一個景點，不知其來龍去脈……總而言之，我們去到一個地方，想要瞭解的資訊人工智慧都能告訴我們，想要遊覽的風景智慧眼鏡都能為我們將整個地方「盡收眼底」，這是當前傳統的導遊所無法給予的。那麼智慧眼鏡是怎麼做到的呢？旅遊資料包的開發。

旅遊資料包會成為未來可穿戴式裝置時代旅行的一大核心，而這也會養活一大批人。這是個什麼概念呢？很簡單，我們就拿北京這座城市為例，可以開發出的資料包類型包括，北京旅遊攻略資料包、北京道地小吃資料包、名勝講解資料包、北京虛擬旅行資料包等等。當然，我們也可以將這些資料包出售給從事於做旅遊人工智慧服務的公司，或者也可以利用這些資料自己訓練一個專業的旅遊服務AI應用程式。當我們要去北京旅行時，就可以先透過相關的平台下載北京虛擬旅行資料包，看看故宮裡面長什麼樣子，自己是否有興趣；下載一個旅遊攻略資料包，看看網友們提供的各種旅行方案，哪個既省時又省錢；下載一個北京道地小吃資料包，直接像哆啦A夢的任意門一樣，能夠馬上看到北京的街頭，哪家店的生意最火爆，小吃長什麼樣子，價格多少。如果我們連這些查找的時間也不想耗費，那麼就直接將我們所想要的遊玩想法告訴人工智慧，讓它來幫我們實現，並且可以將結果以視覺化的形式投射到我們的智慧眼鏡上，供我們選擇。

出去旅行不外乎衣食住行玩五個方面，而未來就會有這樣一些企業專門為旅行的各個方面開發不同性質、類型的資料包，這些資料包將會被用於出售給專業從事於 AI 旅遊服務的公司訓練專門的旅遊大模型。對於用戶而言，我們只需付錢就能下載這些 AI 應用，然後就輕鬆解決了這些原本又費時費錢且費力的事情。

此外，旅遊的大模型會隨著資料的更新而即時優化。這些資料包的資料與上文的語言資料包一樣，也是開放且隨時更新的，比如我們旅遊大模型中擁有北京道地小吃資料包，裡面收集的小吃是根據網友評價自動進行排序推薦的，並且是即時的評價資料更新，並非後台的廣告推廣。另外，假如我們嘗試了某一款小吃，感覺偏甜，就可以透過智慧眼鏡以拍照、語音的方式留下我們對這款小吃的評價：XX 吃起來口感還不錯，就是有些偏甜，不愛吃甜的小夥伴慎買。就這樣，我們的評價很快就會被上傳到平台上，就會被旅遊大模型吸收，供其他背包客參考。

當旅遊大模型與人工智慧語音翻譯功能進行嫁接之後，我們就可以帶著智慧眼鏡進行全球旅行，不會因為語言不同而限制我們去到某些想去的地方。

可穿戴式裝置時代的旅行不再是走馬觀花，從我們活膩了的地方到人家活膩了的地方，而是一場實實在在充滿無盡樂趣，短暫地出軌到他人生活當中的行走。此刻，我們再回到開始的那個問題，導遊們還有存在的理由嗎？

9.4 做到真正輕裝上陣

出門旅行時，我們常常為了該帶哪些東西而煩惱不已。即使以為自己已經很謹慎挑選了，最後還是裝了一個大大的行李箱。就像俗話說的，這個要帶，那個也得帶，結果什麼都想帶上。

就拿衣服和相機來說，如果我們是從台北玩到高雄，這估計得準備四季的衣服，另外，出去玩肯定要拍照，如果我們對照片有點要求，那麼單眼相機省不了，更進一步就是帶不同功能的鏡頭、三腳架等等，單單攝影器材加加起來估計就要幾十斤了，總而言之，越是長的旅行，越難以做到真正的輕裝上陣，但是可穿戴式裝置能。

比如衣服，帶一件智慧衣服就行了，根據不同旅遊地點的氣溫自動進行調節，在寒冷的地方增強保暖和保濕效果，而在炎熱的地方則降低溫度，變得更加透氣。如果再加入 4D 列印技術，使這件衣服能根據不同的環境變換外在造型，就更酷了。至少在沙灘上，我們還是得穿泳衣吧。

在旅行記錄方面，可穿戴式裝置不僅讓使用者省了很多力氣，更為重要的是給使用者帶來了全新的記錄和分享方式。往常我們用相機或者手機記錄下旅行過程，但這其中有個遺憾，就是回來和家人或者朋友們分享這一切時，往往引起的共鳴並不是很強烈，因為即使有拍攝的照片或影片輔助想像，未去過的人也無法完全體會置身其中的樂趣。

這個時候，我們要做的是放棄傳統的記錄方式，用虛擬實境設備記錄這一路上我們的所見所聞，而我們的朋友或者家人則可以透過這款記錄了旅途中一切的虛擬實境設備來體驗這趟亦真亦假的旅行。

虛擬實境技術最大的特點就是給用戶帶來沉浸式體驗，讓我們忽略周遭的世界，進入一個虛擬的環境，採用頭盔和眼鏡的模式以騙取眼睛的方式，來影響我們大腦的判斷，而這就是未來旅行記錄的方式。例如，虛擬實境設備 Oculus Rift 使使用者能從自己的視角對一趟非洲之旅進行完整記錄，回家後再同朋友們一起分享這段虛擬實境經歷。當然，蘋果的 Apple vision pro 就擁有了更強大的功能，以及更真實、舒適的虛擬視覺感受。

以後的旅行，我們只需帶上一款既可以當墨鏡使用，也可以當相機、錄影機使用的虛擬實境眼鏡，就能將你旅途中所有有趣的見聞以不同的方式分享給你的小夥伴，而最重要的是，這不僅讓我們虛擬自己在旅行的過程中保持體驗的完整性，獲得更多的樂趣，同時也讓分享這趟旅行的小夥伴們也有了一次感同身受的虛擬經歷。

9.5 面向未來虛擬實境旅行

所謂虛擬實境旅遊，其實用最簡單的方式理解就是，我們足不出戶就能身臨全世界各處，進行旅遊觀光了。

目前，虛擬實境技術更多還是在遊戲領域的應用，但未來這一項技術將會不斷拓展到醫療領域、教育領域以及線上旅遊領域，而旅遊領域將會因虛擬實境技術的到來被進一步顛覆，主要在兩個方面，一是改變旅遊景點的行銷方式，而是改變消費者的旅行方式。

我們都知道傳統的旅遊景點行銷方式不外乎圖片、影片，最終目的就是想告訴消費者，這裡真的好吃好玩，你來了絕對不會後悔，但效果都是普普通通，許多人更願意採用自己身邊已經去過的朋友的建議，然後綜合考慮是否要去等等。虛擬實境技術進入旅遊領域，首先改變就是旅遊景點的行銷方式，即消費者可以直接透過虛擬實境技術提前體驗將要選擇去的那個地方，而商家則可以製作相應的虛擬實境影片來提升旅遊景點的人氣。

英屬哥倫比亞的旅遊行銷國營企業 Destination BC 是最早利用虛擬實境技術促進旅遊業發展的企業之一。他們藉助 Oculus Rift 技術，製作了一個虛擬實境影片—— The Wild Within VR Experience。這個影片是透過 3D 列印的定制裝備攝製的，該裝備周圍安裝了 7 個專門的高清攝像頭，畫面的拍攝途經包括直升飛機、小船、無人機和步行。整個影片圍繞英屬哥倫比亞省的大熊雨林區，景色令人歎為觀止。

圖 9-2　The Wild Within VR Experience

2014 年年底，萬豪酒店也推出了類似的旅行體驗活動，即用戶可以透過 Oculus Rift 直接穿越到夏威夷的海灘和倫敦 Tower 42 大樓的頂部。顯然，旅行、觀光將成為虛擬實境未來重要的發展方向之一，並不是說人們不再需要親身旅行，而是可以藉助虛擬實境技術實現預覽、規劃、演示的目的，更輕鬆制定行程和計畫。

就如 Destination BC 的 CEO 瑪莎．瓦爾登（Marsha Walden）所言，「我們認為虛擬實境技術很適合用於旅遊行銷」。虛擬實境技術接入旅行的初期可能更多的是為了行銷，為了透過這種身臨其境的前期體驗吸引更多的遊客前來，但未來的另一發展方向則是打造完全以虛擬實境的方式完成整場旅行的旅行方式。

9.6 元宇宙讓旅遊變得更加奇妙

旅遊的意義在於「生活在別處」。人們之所以選擇旅遊，是希望看到不同的風景，體驗不同的生活，在人文奇觀中開闊視野，在山河美景中陶冶性情，在藍天白雲下放飛心情。元宇宙可以透過全息再現和完美複刻現實中的旅遊景點，讓你足不出戶即可暢遊世界。你可能早上在故宮感歎碧瓦朱甍、雕樑畫棟，體會幾百年的厚重與靜美，下午就能在西湖欣賞蘇堤春曉、曲苑風荷，領略古代文人騷客的詩情畫意，晚上則能在非洲近距離觀察野生動物在大草原上奔跑跳躍。與現在的圖片、影片、直播相比，元宇宙提供全感官的沉浸式旅遊體驗，觀茂林修竹、崇山峻嶺，感天朗氣清、惠風和暢，聽絲竹管弦、百鳥爭鳴，聞花芬芳馥鬱、果園飄香，創造身臨其境的真實體驗。在元宇宙中，你還可以從多個角度、多個方位來觀賞景區，仰觀宇宙之大，俯察品類之盛，甚至可以體驗現實中不可能完成的危險角度探秘奇峻險峰、幽深峽谷。

藉助於虛擬實境這種可穿戴式裝置所構建的元宇宙，所帶給我們的不僅是高度真實的沉浸式旅遊體驗，而且比線下實際旅遊更便利。我們無需擔心旅遊高峰期的人滿為患，只需要準備相關設備，躺在沙發上就能縱橫四海、看遍世界。元宇宙不僅可以為人們打開線上的虛擬旅遊體驗之門，還可以與實體景區結合起來，創造出一系列奇妙的化學反應，給景區發展創新提供通路。首先是虛實融合的景區建設。例如，在景區標識方面，傳統的指示牌和地圖可能難以提供形象化的辨識，而元宇宙可以透過蹦蹦跳跳的虛擬動物或人物為我們引路，並介紹景區情況。其次，在場景建設方面，當我們來到一片草地時，打開手機，就可以看到一隻巨大的恐龍或者一個古代的戲班子在亭臺樓閣前登場，唱起古典戲曲。此外，沉浸式體驗項目允許我們扮演一個虛擬角色，在虛擬空間中經歷奇幻體驗。第二是穿越時空的項目建設。對於一些可能缺乏獨特資源優勢的景區來說，這種虛擬體驗項目是巨大的機會。這些景區可能沒有奇珍異景的風光，也沒有豐富歷史的積澱，在吸引遊客和增加收入方面有所欠缺，損害了景區的管理和運營水準。這時，景區可以提供一些沉浸式、遊戲式和互動式的元宇宙旅遊體驗項目，為景區創造新的亮點。景區可以結合當地產業特色，提供元宇宙體驗，如摘蘋果、種莊稼、捕魚、製作工藝品，從而推動相關產業的發展。

這種基於虛擬實境可穿戴式裝置所構建的元宇宙旅遊，它還可以根據當地的歷史發展，提供古代文明、紅色足跡、戰事記憶等沉浸式項目，增強當地的公眾認知度和影響力。此外，還可以構思未來，提供星際穿越、地心歷險、外星人戰隊等創新遊戲，讓人們在元宇宙中展示「超能力」。

尤其對於一些沒有時間也沒有多少錢，但又想去外面的世界看看的消費者而言，藉助於元宇宙的虛擬實境旅行能同時滿足他們多方面的要求，但這一方式要嫁接在前文提到的旅遊記錄方式上。比如我們想去新疆玩，在你沒時間也沒經驗的情況下，就可以先來一場虛擬實境旅行，我們可以以沉浸式的方式體驗新疆的地理環境、遊牧場、當地的文化、小吃等等，更重要的是我們還能從不同背包客上傳的旅遊資料中發現不同的視角，可以說既全面又道地。

此外，對於那些我們永遠無法企及的目的地，如完整的龐貝古城、神秘的金字塔內部、中國自夏至清的各著名景點等等，我們都可以藉助虛擬實境技術來一番身臨其境的體驗。

Note

CHAPTER

10 可穿戴 + 教育

10.1 網際網路 + 教育的興起

10.2 未來教育之變

在行動網際網路時代，人們將能更高效地完成與過去同等量的事情，這種變革涵蓋了生活衣食住行的各個方面，而教育也不例外。

近年來，以網際網路 + 教育為代表的教育方式極大地衝擊了教育行業，試圖突破弊端重重的傳統教育方式。特別在教育資源稀缺、配置又不均衡，且教育成本高的中國，這種變革更加顯得迫切。

10.1 網際網路 + 教育的興起

過去十年，網際網路的迅猛發展對教育產生了深遠而廣泛的影響，改變了傳統教育的面貌，為學習者提供了更加靈活、多樣化的學習方式。這種變革不僅體現在學科內容和教學方法的更新，還在於教育資源的全球化、線上學習平台的興起以及教育模式的個性化等多個方面。

首先，網際網路推動了教育資源的全球化。過去，學習者的教育資源主要依賴於本地學校或圖書館，資訊的獲取相對有限。而如今，網際網路打破了地域的限制，學習者可以透過線上平台獲取來自世界各地的豐富教育資源，包括開放式線上課程（MOOCs）、數位圖書館、學術論文資料庫等。這種全球化的教育資源使得學習者能夠更廣泛地接觸到最新的知識和研究成果，提升了學科廣度和深度。

其次，網際網路推動了線上學習平台的興起。隨著網際網路技術的發展，出現了眾多線上學習平台，如 Coursera、edX、Udacity 等。這些平台透過提供各種線上課程，為學習者提供了更加靈活的學習機會。

學習者可以根據自己的興趣和需求選擇合適的課程，自主安排學習時間，跨越時空的限制。這種靈活性和便利性使得教育更加貼近學習者的個體需求，促使了學習者積極主動地參與學習。

此外，網際網路促使了教育模式的個性化發展。傳統教育往往採用一刀切的方式，忽略了學生個體差異。而網際網路技術的應用使得教育可以更好地滿足學習者的個性化需求。透過人工智慧、大數據分析等技術，教育平台能夠更好地瞭解學習者的學科興趣、學習風格和進度，為其量身定制個性化的學習路徑。這種個性化教育模式有助於提高學習效果，激發學生的學習興趣，培養其自主學習的能力。

不僅如此，網際網路還改變了教育的傳播方式。傳統教育主要透過面對面的教學傳授知識，而網際網路將教育的傳播從時空的限制中解放出來。透過線上影片、直播課堂等形式，教育內容得以即時傳遞，學習者可以在任何時間、任何地點獲取所需的知識。這種靈活性和便捷性使得教育更加適應了現代社會快節奏的生活方式。

可以看見，網際網路對教育的改變是一場革命性的變革，為學習者提供了更為廣泛、自主、個性化的學習機會。透過全球化的教育資源、線上學習平台的興起、個性化教育模式的推動以及教育傳播方式的變革，網際網路不僅改變了學習者獲取知識的途徑，也塑造了更加開放、靈活、創新的教育生態。

當然，雖然網際網路給教育領域帶來了許多積極的改變，但網際網路＋教育終究不是完美的，或者說是存在局限的。具體可以表現在這三個方面：

1. 氛圍

無論做什麼事情，都講究氛圍，沒有氛圍，再好的硬體設施，往往也是事倍功半，特別是教育，更是如此。比如，你在一個人人都熱衷於學習探索的班級裡，你本來沒興趣的，也會變得有興趣，並且搞不好還能成個什麼角兒，但是相反如果你本來很熱愛學習探索，但呆的班級裡，大家普遍只喜歡吃零食、扯八卦，這樣的氛圍於你而言就顯得格格不入，你要麼變得和他們一樣，要麼孤芳自賞。

而目前的網際網路學習還普遍做不到一種需要學習，能夠學得開心、學有所得的氛圍。許多人交了學費，能完成課程最後畢業的寥寥無幾。沒有幾個人願意一個人坐在房間裡對著幾乎沒有任何互動的電腦面前，單方面地接受教育。更何況，學習本來就是一件相對費腦力且枯燥的事情。

2. 動力與壓力

在從小到大的教育經歷裡，越長大，學習的壓力一定會越大，這是正常的情況，因為學習如果沒有一定的壓力，也很難達到好成績。線下的課堂教育往往有班主任、任何老師督促，當學生出現上課不認真、作業沒完成、成績不理想等情況時，都會有相應的懲罰和補救措施，而基於網際網路的線上教育則完全不一樣了，沒有監督也沒有懲罰，這就更加助長了人的懶惰本性，這就容易使掉課率飆升。

新冠疫情期間，因為隔離政策，大部分的學校都不得不實施網路授課，這雖然保證了課程的繼續，但從實際效果來看，卻是遠遠不如線下授課的。畢竟，線下授課，學生和老師之間可以面對面地互動、提問和答疑，轉到了線上，許多學生都是簽個到就倒頭繼續睡覺了。

可以看到，線上教育有賴於學生的自主學習能力，而這正是大部分學生普遍缺乏的。即使是國外做 MOOC 做得最好的線上課程，真正完成的學生也不足 5%。

3. 個性化不足

傳統教育是大班教育，一般情況下一個班級的學生都會有 20-30 個，國外則相對合理些，開設的是小班教育，10 人左右，此外每個人在校期間還會有一位陪伴自己至畢業的生活導師。無論是大班還是小班，教育的本質在於教會每一個學生在這個階段該學的知識，但事實是每個學生都有自己的個性，對於學習的接收程度也是不盡相同，因此個性化教育就顯得格外重要，即針對每個學生的特點制定教學策略。

個性化教學是未來教育的發展趨勢，線下教育難以滿足這樣的需求時，線上教育便成了一種解決途徑，但需要指出的是，由於很多線上教育只是把線下授課搬到了線上，所以許多所謂的線上個性化教學方面往往還不如線下教育。比如，許多教育機構只是將線下課堂的教學過程錄下來放置線上供學員下載。

10.2 未來教育之變

未來，追求個性化和效率的教育，將會向可穿戴式裝置延伸、發展。

未來無論是教育方式還是知識體系都會發生根本的變化，首先最核心的一點就是教育的服務物件不再是一個群體（班級），而是個人；

知識的增長也不再是單純意義上的數量增長，而是知識之間相互連結，變成一個新的知識領域。

10.2.1 沉浸式教育

不知道大家是否有看過由李奧納多主演的一部電影《全面啟動》，簡直讓人腦洞大開。裡面有一個場景是主角 Dom Cobb 的妻子懸坐在窗前準備透過跳樓來喚醒自己的夢境（這是電影前設的一個條件，即在確定是夢境的情況下可以透過下墜的重力喚醒夢中人），然而 Dom Cobb 一遍又一遍地和妻子解釋，這不是夢境而是現實，但妻子卻死死地認定這是一個夢境，並且希望 Dom Cobb 和自己一起跳下去好脫離夢境。

為什麼妻子會分不清現實和夢境？這裡就牽涉到了人的潛意識，Dom Cobb 於之前在他的妻子腦中植入了一個潛意識：這是夢境（雖然事實是這並非夢境）。這就好比我們真真實實經歷過一件事情，不可能否定它不存在一樣。那麼延伸到教育也是一樣的道理。

有句話叫做：讀萬卷書不如行萬里路，此話我的理解是並沒有否定讀書價值的意思，而恰恰道出的是身臨其境的經歷所獲取的知識要比單純從書本上獲取的知識更扎實深刻。直接而言便是沉浸式的體驗教育，即利用虛擬實境設備架構出來的一個教育系統。

例如，你可以透過 VR 設備使你在學習解剖時瀏覽一遍循環系統，或回到過去聆聽林肯的葛底斯堡演講，這是不是要比純粹邏輯的講解更加深入記憶的層面？

沉浸式教育未來最具潛力的發展方向便是透過一次又一次的沉浸式體驗，讓你分不清虛幻和真實，而把所有本該透過記憶去強行記住的知識轉化成一種你的個人經歷，刻在你的大腦裡。比如你學習牛頓運動定律，不再是透過旁觀者去學習和使用這個定律，而是直接代入牛頓這個人本身，彷彿「我」就是牛頓，然後經歷整個發明定律的過程，這於你而言已經不單單停留在記憶層面了，還有扎實的理解，學習的關鍵不就在於「理解」二字？

那麼這樣的教育方式在未來會產生哪些商業機會呢？第一，就是 VR 設備，如今的虛擬實境設備還過於龐雜，使用者體驗並不好，使用在教育領域還需要很大的改進。至少就目前而言，使用在教育領域的 VR 必須要是輕巧的，並且一戴上就能快速讓用戶沉浸其中，忘記現實與虛幻；另外，需要專門開發沉浸式教育的教育包，顯然當下的教育內容呈現方式根本不適合沉浸式教育模式，它需要專門的教育包，而這個當中就能衍生出許許多多的商業機會，競爭就在於誰研發的教育資源包更具創意，更具好的用戶體驗等等。

10.2.2 植入式教育

依舊先拿電影來說，在科幻電影史上具有開創性價值的《駭客任務》三部曲，相信許多人都熟識，電影大致講的就是人所活的世界其實是虛構出來的一個矩陣，其實大家都躺在一個跟棺材一樣的盒子裡，然後腦子上被插滿各式各樣的管子，被另外一種高於人類的力量控制著。但也有一部分相對聰明一些的人類發現了這個現象，且有一部分人類已經回到了真實的世界，正在組織起來進行反抗。

電影中有個場景是，當正義的人類要去到虛幻的世界辦事時，如果你沒啥技能，不能防身，這個好辦，直接往你大腦輸入這個技能就全搞定了，什麼降龍十八掌、九陰真經等等，想學什麼就有什麼，而且馬上就學會。還有那個印度電影《來自星星的傻瓜》裡面的外星人 PK 只用握著你的手就能把你的語言全部學會。這些現象看似只能在電影中發生，但不代表在現實世界裡就不可能，以前的人還覺得人類飛上天是不可能的呢。講這麼多，還是回到教育，植入式教育，即知識能夠跟 USB 複製資料一樣複製到一個人的大腦中，這就完全省去了學習的過程了，更加有效率。

那麼這樣的教育方式也只能藉助可穿戴式裝置，怎麼樣的可穿戴式裝置？那就是基於腦機介面的頭戴式可穿戴。可以是一個頭盔之類的可穿戴式裝置，然後裡面密佈著各種接觸頭皮的觸點，透過某種類似於神經流的方式（說的不是很確切，自行腦補），以我們大腦產生記憶的方式將知識導進人的大腦。目前，許多公司都已經開始相關的研究。

你可以想像這樣一個畫面：你想知道中國的古代史，然後透過設備下載了這個知識，並且通過植入式的方式將這個知識在很短的時間內就輸入了大腦，在這個傳輸的過程中，人的感覺到底是怎樣，我也不知道，但傳輸完後的感覺可能就跟《來自星星的傻瓜》裡面的 PK 一樣，一開口就會講話了，並且面帶驚訝新奇的表情。

同理，這種教育方式存在的商業機會也是設備和教育資源包。這種接受教育的方式和前面沉浸式的方式在未來可能會共存於整個教育領域，因為二者的體驗是不一樣的，前者側重於快速獲取知識，而後者則注重的是一種學習過程中的樂趣。

10.2.3 元宇宙教育

其實所謂的元宇宙教育，本質上就是虛擬實境的可穿戴教育。隨著科技的不斷進步，當前出現了元宇宙這樣一個概念，並且正逐漸讓大眾所理解，並且對各行各業的未來發展產生了深遠影響。2024 年 1

月，日本 Aomine Next 公司宣佈為 Yuushi Kokusai 國際高中設計了一套名為「Metaverse Students」的元宇宙課程，這一創新舉措在教育界引起了廣泛關注。

Yuushi Kokusai 國際高中是一所廣域函授高中，以其無地域、無時間限制、面向每個人的入學政策而著稱。而這次推出的元宇宙課程更是將這一特點發揮到極致。學生們不再被局限在傳統的教室，而是以虛擬形象在元宇宙中上課。這種全新的學習方式不僅打破了地域和時間的束縛，還為學生們提供了更加沉浸式和互動性的學習體驗。

在元宇宙課程中，學生們將免費使用虛擬實境設備，並透過 Zoom 等工具在元宇宙內進行課程學習。而 VR 平台「Planeta」不僅作為學生們的交流工具，還將教授他們如何創建元宇宙和虛擬實境空間本身。這意謂著，學生們不僅能夠獲取知識，還可以掌握未來元宇宙領域的重要技能。

此外，學校還計畫根據學生的職業發展路徑，在元宇宙空間中進行小組討論和演講指導，以滿足學生的個性化需求，提升他們的職業技能和團隊合作能力。同時，學校還採取多種促進學生交流的方法，包括使用 SNS 工具「key」，讓學生們在元宇宙中建立起緊密的社交網路。

為了使元宇宙課程更加豐富多彩，學校還準備了一些年度活動。其中，文化節「禦史節」將在元宇宙空間中策劃和舉辦，學生們將有充分的機會發揮自己的創造力，策劃和組織各種活動。此外，該校還將舉辦電子競技錦標賽，旨在培養學生的線上策劃、執行和合作能力。

在課堂教學方面遊，士國際高中的學習軟體「you-net DX」將發揮重要的作用。除了即時直播的「線上直播課」，學生們還可以根據自己的興趣觀看「點播課」。這種靈活的學習方式使得學生們能夠按照自己的節奏和興趣進行學習，提高學習效果。同時，即使是線上直播課程，學生們也無需透露真實面貌，可以以頭像的形式上課，保護了學生的隱私。

值得一提的是，學校不僅為學生們提供了一些免費頭像供選擇，還允許他們從外部購買和使用付費物品。儘管學生們可以選擇與自己真實性別不同的形象，但學校推薦他們選擇看起來像人類的形象，因為這些形象被定位為交流工具。這種開放和包容的態度讓學生們能夠自由地展現自己，並且維護了元宇宙社群的和諧與穩定。

對於家長們而言，最關心的是孩子們的學習效果和未來發展。而 Yuushi Kokusai 國際高中的元宇宙課程不僅提供了高品質的教育資源，還為學生們開啟了涉足未來元宇宙領域的大門。在這裡，學生們不僅能夠獲得高中文憑，還可以掌握未來社會所需的重要技能和經驗。

據悉，元宇宙學生計畫將於 4 月正式啟動，目前學校正在為學生和家長組織線上學校宣講會。這一創新舉措無疑為教育領域注入了新的活力，讓我們對未來教育的發展充滿了期待。總而言之，日本 Aomine Next 公司為 Yuushi Kokusai 國際高中設計的元宇宙課程「Metaverse Students」是一項具有劃時代意義的教育創新。它不僅打破了傳統教育的限制，還為學生們提供了更加廣闊和多樣化的學習空間。在這裡，學生們可以自由地探索知識、結交朋友並規劃未來。相信不久的將來，隨著虛擬實境可穿戴式裝置的進一步發展，基於可穿戴式裝置的元宇宙將成為教育領域的新興方向，引領我們走向更加美好的未來。

CHAPTER

11 可穿戴 + 遊戲

柏拉圖這樣定義遊戲：遊戲是一切幼子（動物的和人的）生活和能力跳躍需要而產生的有意識的模擬活動；

亞里斯多德這樣定義遊戲：遊戲是勞動後的休息和消遣，本身不帶有任何目的性的一種行為活動。

索尼線上娛樂的首席創意官拉夫 . 科斯特則這樣定義遊戲：遊戲就是在快樂中學會某種本領的活動。

真正現代意義上的電腦遊戲產業起源於 1970 年代末，即電腦開始普及的時候，但是未來，遊戲將融入我們生活與工作的各個方面，比如教育、健身、醫療等等。而可穿戴式裝置更將促進遊戲產業進一步向前發展，帶領人們進入一個前所未有的遊戲世界。

11.1 遊戲將面臨的變革

我們先來瞧瞧遊戲存在形式都經歷了怎樣的發展：

掌上遊戲機——《坦克過橋》……

插卡游戲機——《直升機大戰》……

同時已經出現街機——《摩根》、《戰斧》……

8 位元任天堂電視遊戲機——《超級瑪利歐》、《魂斗羅》……

16 位元任天堂遊戲機——《三個火槍手》……

PS 遊戲機——《生化危機》……

電腦單機遊戲——《魔獸爭霸》、《星海爭霸》……

電腦網路遊戲——《傳奇》、《魔獸世界》……

電腦網頁遊戲——《熱血三國》……

小遊戲——《猴子跳躍》、《極速賽車》……

電視遊戲——《勇者 30》、《邊境之地》……

電子遊戲經過數十年的發展，已然成為人們沉溺於精神享受的第二世界。不可否認，隨著 CPU、GPU 等核心硬體的飛速發展，引擎技術的進一步提高，遊戲開發公司各種腦洞大開的創意，電子遊戲在畫面、音效、玩法等方面已經有了長足進步。但始終電子遊戲並未擺脫手把、鍵盤、滑鼠、螢幕的束縛。

目前最為普及是電腦網頁遊戲。網頁遊戲最先起源於德國，又稱 Web 遊戲，是利用瀏覽器玩的遊戲，它不用下載用戶端，任何地方任何時間任何一台能上網的電腦就可以快樂的遊戲，尤其適合上班族。只要能打開 IE，10 秒鐘即可進入遊戲，不用下載龐大用戶端，更不存在機器配置不夠的問題。最重要的是關閉或者切換極其方便。

圖 11-1　網頁遊戲 - 熱血三國

作為一個產業，遊戲在不斷隨著外界的變化而變革著自己的存在形式。遊戲載體從手中的遊戲機到電視機、電腦以及現在的手機，一直在更新換代，以在不同的場景中提升遊戲的體驗。

但不管遊戲如何更新換代，始終都無法脫離現實的載體，雖然遊戲構建了一個虛擬的世界，但人們始終無法真正進入這個世界。

究其原因，一方面，遊戲雖然能夠建構出引人入勝的虛擬世界，但這僅僅是一種感官層面的體驗。虛擬實境中的景象雖然栩栩如生，但在現實中，人們的身體仍然受限於物理空間。無論遊戲有多麼逼真，玩家仍然需要透過螢幕或其他輸入裝置來與虛擬世界進行互動，而真實的身體感覺無法真正融入虛擬環境中。

另一方面，人的感官和生理機能在現實世界中是根深蒂固的，而遊戲無法改變這一點。無論是觸覺、聽覺、嗅覺還是其他感官，這些都是人們在現實中獲取資訊的重要途徑，而遊戲只能透過視聽等有限的方式模擬這些感覺。雖然虛擬實境技術已經取得了一些進展，但仍然無法完全模擬現實世界的多樣感官體驗。

而可穿戴式裝置的出現為解決這些問題帶來了新的可能性。比如，可穿戴式裝置能夠更直接地與用戶的生理指標交互，例如透過監測心率、運動軌跡等，使遊戲更加貼近玩家的身體狀態。這為遊戲體驗提供了更加真實和個性化的元素，使遊戲與現實生活更為融合。可穿戴式裝置也為擴增實境（AR）和虛擬實境（VR）等技術的發展提供了更廣闊的發展空間。透過 AR 技術，虛擬元素可以與現實環境相融合，使得遊戲場景更加豐富多彩。而 VR 技術則更進一步地將玩家置身於虛擬世界中，提供更為身臨其境的遊戲體驗。對於遊戲行業來說，可穿戴式裝置，就是一種全新的嘗試，並且將給這個行業帶來前所未有的變革。

1. 遊戲使用者介面的變革

遊戲行業的第一個變革，是遊戲使用者介面的變革，即遊戲的使用者介面將從以前的鍵盤滑鼠轉變為玩家本身。遊戲玩家之前主要透過鍵盤、滑鼠等協力廠商設備與遊戲進行交互，但是鍵盤、滑鼠做得再好，也還只是協力廠商設備，無法真正實現與遊戲的即時、完美互動。

就像武學的最高境界是無招勝有招一樣，其實，最理想的使用者介面就是沒有使用者介面，就是玩家本身。可穿戴式裝置恰恰可以實現這一點，透過與玩家零距離接觸，可穿戴式裝置可以記錄玩家的各種資料，進而實現使用者介面與玩家合體的境界。例如，透過可穿戴式裝置，可以直接記錄玩家的運動資料，這些資料能夠變成遊戲數值，實現對遊戲人物進行狀態加成。也就是說，用戶在走路、跑步等運動時也能進行遊戲，實現不在遊戲中卻在玩遊戲的狀態。

2. 遊戲的存在形式

第二個變革是遊戲的存在形式，即遊戲將從虛擬的線上世界轉變為虛擬與現實融合、線上與線下交融的統一世界。遊戲自古以來都是虛擬的線上遊戲，但是可穿戴式裝置的出現，有望抹平線上與線下、虛擬與現實的界限，實現這兩個世界的融合和統一。

一方面，透過可穿戴式裝置，使遊戲融入了生活的各個方面。傳統的遊戲與現實生活可以說是完全隔離的，使用者生活有生活的狀態，遊戲時則是另外一個狀態，但在可穿戴式裝置時代，兩種狀態將能實現無縫融合。比如你最近在玩一個和運動有關的遊戲，那麼與這個遊戲相配套的運動鞋能將你平常的運動資料記錄下來，假設你晨練時跑了 1 公里，這 1 公里資料就會自動上傳到你線上上的遊戲帳戶中，同等於你在遊戲狀態時獲得的積分，這就是所謂的抹平線上與線下。目前我們所佩戴的智慧手錶、智慧手環也都融入了這方面的想法，但還沒有非常準確的表達出來，就是希望在給用戶提供運動監測的同時基於這些運動資料建立相應的遊戲社交圈。

另外一方面則是，借著虛擬實境眼鏡，使用戶在遊戲的過程中，能夠達到沉浸式的遊戲體驗，達到模糊虛擬與現實的界限，實現這兩個世界的融合與統一。

當然，對於遊戲本身存在的形式，隨著可穿戴式裝置的出現，未來的遊戲將更側重於體驗式遊戲。近幾年隨著可穿戴式裝置產業鏈技術的不斷完善與發展，對於遊戲方面的開拓也日趨成熟，尤其是在大型戶外體驗遊戲、室內互動遊戲以及家庭的電視遊戲上，可以說沒有比基於可穿戴式裝置所帶來的那種基於體感交互更好的體驗方式。

遊戲操控一直以來都是作為電視遊戲發展的一大阻礙因素而備受關注，如果得到良好的解決，或許為重塑電視這塊傳統第一屏的價值是一種有力的支撐點。從目前的產業發展情況來看，要想實現這一目標，需要電視遊戲開發商和可穿戴式裝置廠商共同協作，尤其是對於遊戲開發者而言，在遊戲開發的前期就需要與相應的可穿戴式裝置開發者共同來構建遊戲的使用者體驗方式，特別是專注在同一遊戲領域進行深度合作開發，創造出既符合時下用戶需求而又具備完美體驗的配套產品。讓遊戲融入了虛擬實境、可穿戴式裝置之後，藉助於電視這款大型螢幕，給使用者帶來的娛樂體驗是種何其美好的場景。

圖 11-2　基於可穿戴式裝置的體感互動遊戲

3. 遊戲本身

遊戲行業的第三個變革，恰恰是遊戲本身，遊戲將會改變目前的相對負面的形象，成為一種快樂、健康的體驗。變革的奧妙就藏在遊戲行業和其他行業的融合上。未來，遊戲將於健身、醫療等生活的各個方面結合，時生活遊戲化，遊戲生活化。

在以前，這樣的跨界似乎不可能實現，但在可穿戴式裝置時代，這樣的融合就水到渠成了。上文提到的遊戲與運動結合就是一個例子，實現了運動的同時也在遊戲、遊戲也能運動的雙向打通，顛覆了遊戲就要坐在電腦前的方式，而是可以從宅的狀態走出，走向戶外進行運動。遊戲也由此從「影響健康」轉變為「有益於健康」。

如果我們將視角進一步擴大，遊戲還可以和快消、教育、通信、IT、金融等更多行業進行融合，誕生出更多的可能性。例如能否透過意念頭箍等可穿戴式裝置將學習與遊戲結合起來，讓用戶在解題的同時也轉變為遊戲積分，從而將遊戲從之前影響學習變為有益於學習等等。遊戲完全可以成為一種健康、快樂的體驗和生活態度。這也就意謂著在智慧穿戴時代，遊戲並不是一種被孤立的遊戲形式存在，而是以一種不露痕跡的方式存在於我們生活的各個方面中，一切皆生活，一切皆資料，一切皆娛樂。

11.2 可穿戴式裝置遊戲外設

在可穿戴式裝置中，目前最被遊戲行業看好並首先進入遊戲行業的設備就是基於虛擬實境、擴增實境和混合實境的可穿戴式裝置，其中，對於虛擬實境設備而言，遊戲行業也是目前最容易進入的，那麼，下文我們一起來看看具體都有哪些可穿戴式裝置遊戲外設。

1. Meta Quest 3

Meta 最新的 VR 頭戴式顯示器 Quest 3 有很多優點。它擁有更新、更快的 Snapdragon XR2 2 代處理器，擁有更好的圖形處理能力、更高解析度的顯示器、更好的鏡頭、重新設計的控制器還能實現混合實境功能，利用直通式彩色攝像頭將虛擬世界和現實世界融合在一起，就像 Apple 公司推出的 Vision Pro 頭戴式顯示器。

和 Quest2 一樣，Quest 3 也可以玩遊戲，運行創意和生產力應用程式，還可以用於令人驚喜的健身應用程式，還可以連接電腦，作為電腦遊戲頭戴式顯示器使用。

2. Vision Pro

2024 年 1 月 19 日，萬眾期待的 Apple 首款混合實境（MR）頭戴顯示裝置 Vision Pro 終於開售。

按照 Apple 此前發佈會上的介紹，Vision Pro 具備一些新型對話模式，例如虛擬鍵盤、眼球追蹤、語音辨識等，主要可用在辦公、娛樂等場景。硬體上，Vision Pro 最核心的處理器和感測器晶片均為 Apple 自研，這顯然有助於該公司更好地掌控產品設計。玩遊戲是 Apple 為 Vision Pro 設定的一大用途。Apple 表示，玩家可以在這款設備上玩到《NBA 2K24 街機版》和《索尼克夢之隊》等 200 多款 Apple Arcade 遊戲（Apple 公司的遊戲訂閱服務）。

3. PlayStation VR 2

PlayStation VR 2 是一款高端遊戲機 VR 頭戴式顯示器，它的的 HDR OLED 顯示器、圖形品質、內建眼球追蹤功能和夢幻般的先進控制器，使其具備展現最佳遊戲表現的能力，且現在它已經擁有了一些獨家遊戲，如《Gran Turismo 7》、《Resident Evil Village》和《Horizon：地平線山之呼喚》。

到目前為止，PSVR 2 還缺少任何社交元宇宙類型的軟體，感覺更像是一款專為發佈和玩 VR 遊戲而設計的頭戴式顯示器。並且這款頭戴式顯示器的許多遊戲都是移植版，你可以在諸如 Quest 2 等設備上找到該遊戲。不過，隨著更多針對該硬體進行優化的遊戲推出，PSVR 2 可能會很快就能從獨立 VR 包中脫穎而出。

11.3 虛擬實境遊戲大爆發

在電影《Her》中，男主角是個生活在未來世界的寂寞大叔，在遇到戀人薩曼莎（人工智慧系統 OS1）之前，夜晚的時間都是靠玩遊戲打發的。畫面中，希歐多爾用身體操作者遊戲中的小人，沒有用到任何 VR 或者動作捕捉設備，玩著沉浸式的 3D 遊戲，透過投影儀和玻璃牆顯示畫面。當然，電影中的場景過於科幻，但很有可能是虛擬實境的終極版本（圖 11-3）。

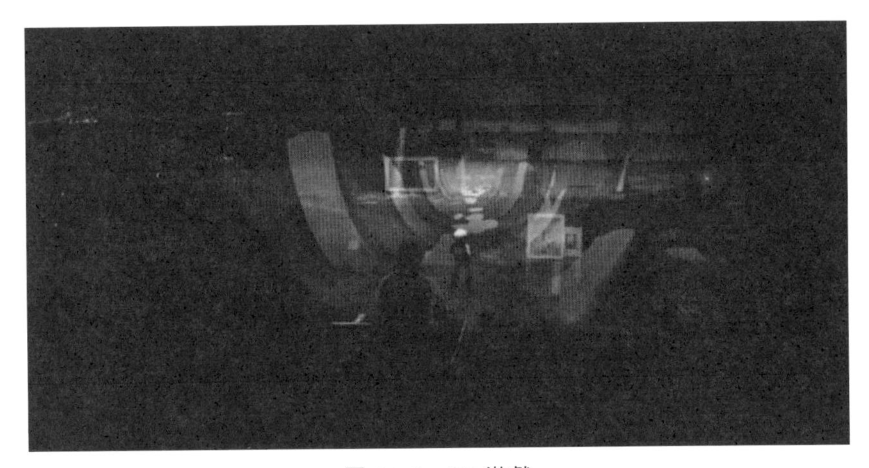

圖 11-3　3D 遊戲

今天，已經有許多虛擬實境遊戲進入遊戲市場。比如，節奏空間這款遊戲曾經被評為年度最佳 VR 遊戲獎，遊戲已經上線 4 年的時間，但依然受到玩家的追捧，玩家在遊戲當中能根據音樂節拍舞動手中的光劍劈砍方塊，比較鍛煉反應能力。

無人深空這款遊戲曾經入圍了年度最佳，VR 遊戲獎，但曾經由於收費比較多，也被人們吐槽說是電子遊戲行業內最大的騙局，不過隨著開發團隊的不斷補救，現在這款遊戲已經逐漸的恢復了聲譽，支持者也越來越多，其實也是一款很優秀的 VR 遊戲。

半衰期這款威爾遊戲是在 2002 年 3 月上線的，玩家進入遊戲需要扮演人類存活下去的唯一希望，去對抗外星種族的聯軍，也是玩起來比較過癮的一款遊戲。

除了虛擬實境遊戲外，基於擴增實境技術的遊戲也形成了一股新的風潮。其中，Niantic 開發的《Pokémon GO》在全球大獲成功，引領了 AR 遊戲的風潮。這款遊戲推出後迅速風靡全球，截至 2018 年 5 月，月活用戶超過 1.47 億，2019 年初下載量超過十億。截至 2020 年，其收入已超過 60 億美元。

這款遊戲的獨特之處在於將現實和虛擬世界結合起來，為玩家提供基於實景的 AR 體驗。寶可夢（神奇寶貝）散落於真實世界的各個角落，玩家需要四處走動來捕獲他們。當玩家遇到一隻寶可夢時，它會透過 AR 模式顯示出來，就像存在於真實世界一樣。玩家還可以進行寶可夢競技，同樣是基於實景（寶可夢競技場）。此外，遊戲出品方還實現了遊戲體驗與實景的進一步結合。例如，玩家可以在真實世界中靠近水的地方找到水系寶可夢。

《Pokémon GO》不僅作為遊戲大獲成功，其廣告模式也非常成功。因為寶可夢散落在真實世界的各個角落，所以可以利用這一點來吸引大家前往某個地點。例如，2016 年，該遊戲與日本麥當勞合作，將麥當勞門市變成了寶可夢競技場。這一合作為每家麥當勞門市平均每日增加了 2000 名顧客。隨後，美國運營商 Sprint 也與 Niantic 合作，為全美 1.05 萬家零售店進行了類似推廣。近期，Niantic 的新遊戲《哈利波特 : 巫師聯盟》與 AT&T 合作，將 AT&T 的 1 萬家零售店變為了遊戲中的旅店和要塞，以吸引顧客。

AR 遊戲也可以只與家中室內場景結合，如任天堂推出的《瑪利歐賽車實況 : 家庭賽車場》。玩家利用裝有攝像頭的實體玩具車進行比賽，在家裡佈置賽道，然後透過擴增實境疊加傳統瑪利歐賽車遊戲裡的圖形元素。遊戲中只有賽車和傢俱是真實的，其他內容都是透過 AR 疊加的圖形元素。

基於 HMS Core AREngine，華為與眾多中國網際網路娛樂合作夥伴（包括騰訊、網易、完美世界、迷你玩等）聯合開發了大量知名遊戲，在中國推動了遊戲的創新體驗和 AR 生態的發展。以 X-Boom 遊戲為例，玩家的任務是對疊加在現實世界中的 AR 動物角色進行射擊。

在未來，隨著可穿戴技術、相關頭戴式顯示器的成熟，虛擬實境遊戲還將進一步發展和壯大。

11.4 可穿戴式裝置遊戲帶來的無限互動

對於虛擬實境，馬克 · 紮克伯格有過這樣的描繪——和遠方的朋友共同遊戲、和世界各地的同學在一起學習、與醫生進行面對面地諮詢，要做的只是戴上 Oculus 的一台設備。

可穿戴式裝置帶來的是一種人與人之間，人機之間無時空局限的互動，即用戶可以隨時隨地進行互動。在傳統的遊戲裡，用戶一旦離開電腦面前，或者放下遊戲裝置，以及退出某遊戲應用，就預示著遊戲的暫停或者終結。但將可穿戴式裝置融入遊戲的互動則在根本上改變了原始的這種互動方式，即無論你在何處，做何事，都將可以進行即時的互動。

比如最早的時候，Google 眼鏡就可以當做一個射擊遊戲的瞄準器，在現實場景中來一場大戰。或者能搜尋到顯示在現實場景中的虛擬寶藏等等。此外，將可穿戴式裝置遊戲與運動健身直接相結合，比如任天堂早在 90 年代就推出過一款皮卡丘計步器，結合真實的運動與步行來增加遊戲中的積分，獲取更多的遊戲內容。而這一機制日後被任天堂繼續發揚光大。而對於感應器更加豐富靈敏的移動設備和可穿戴式裝置來說，能使這個功能變得更加強大和有趣。

智慧手環和智慧手錶的遊戲擴展性顯然比智慧眼鏡更多。想想看，一個搭載了各種監測功能的設備會在我們劇烈運動之後計算出我們的體能，從而讓我們在遊戲中擔任皮薄魔法師或者血厚聖騎士之類的。當然，智慧手環和智慧手錶類的產品還可以用更簡單的方式互動，比如計步器。現實中也已經有很多遊戲利用手機自帶的感測器這樣做了，比如這款《Walkr 口袋裡的銀河冒險》。遊戲中可以「氪金」購買資源，但是並不重要，重要的是，只要我們肯運動，就可以獲得無限的資源來發展你的星系。

除了以上這些，其實手環和手錶還能做到更多，比如在玩恐怖遊戲的時候震我們一下；在恰當的時候提醒我們該收菜了；作為獨立的體感設備操作遊戲等等。其實這些功能未來都不是幻想，因為已經有公司在開始考慮實現這些了。

總而言之，可穿戴式裝置不僅使遊戲變得更加多元有趣，更為重要的是讓用戶的遊戲體驗變得更加真實，遊戲也不再和生活完全割裂開來，而是在一定程度進行融合，甚至能以正面的影響反作用於生活。

我們已經進入了智慧型手機時代，深知這個時代給我們各個方面所帶來的深刻影響，而同樣，在即將到來的可穿戴式裝置時代，我們的期待只有更甚之。

CHAPTER

12 可穿戴＋運動

21 世紀的人們懷著一顆極度渴望健身的心，但總是難以從自己的座位上站起來，然後走出去，真正動起來，流上三斤汗。許多人因為自身的惰性對於健身難以持之以恆；一部分人則是因為根本沒有意識到健身這個問題，總覺得自己很健康，僅僅是因為沒有嚴重到要去醫院；還有一部分人則是願意花時間健身，但是由於不科學，效果總是不明顯，或者因為健身房太枯燥，帥哥美女又少，教練肌肉不夠發達等等原因，使他們失去了對健身的樂趣。

我不禁問，健個身怎麼能有這麼多狀況，這麼多要求？對於商業而言，消費者有要求絕對是好事，因為你能對症下藥，但問題是沒要求，你該怎麼辦？其實，他們不是沒要求，只不過是連他們自己也沒有發現自己的需求，即所謂的潛在需求，作為服務提供方，這時候你若能快速甄別出用戶的潛在需求，然後進行深入地挖掘，在這個基礎上建立起商業模式，往往就無敵了，最好的一個例子就是 Apple 手機。

在健身這行，現在最多的就是各式各樣的健身房，各式各樣更多體現的是它們地域的不同，其他似乎都差不多，放幾架健身器材，找幾個腹肌齊全的教練，然後就可以開張了。然而，當「健身」這個話題還經常被人們談起，恰恰說明了這個問題根本就沒有解決。這個問題沒有解決最大的原因出在「健身與生活的脫節」。誰能把這兩種狀態融合在一起？ 21 世紀科技界的新秀——智慧穿戴式裝置。

12.1 可穿戴給健身行業帶來的四大趨勢

運動健康是真正受益於可穿戴技術的領域之一，許多設備能夠監測運動員的輸出；活動、心率、表現、環境條件和潛在的健康風險。過去幾年裡，可以監測飲食、鍛煉、睡眠和活動等情況的健身追蹤器大受歡迎，使可穿戴技術市場得到穩步增長。當前，智慧健身設備已經由監測簡單的健身資料發展為監測使用者的綜合健康狀況。也就是說，透過可穿戴式裝置追蹤健身狀況的理念開始普及，人們試圖透過可穿戴式裝置追蹤病患資料。當設備都成為人類各種資料的記錄儀之後，如何進行資料採擷將成為關鍵。

行動健康行業的轉變和氣象預報行業很相似，最終會透過複雜的計算模型進行各種預測，LifeQ 的創辦人及計算生物學家黎安•柯拉迪說，「可穿戴技術未來的重點不在可穿戴式裝置本身，更多地體現在對資料的分析和使用上。」

「如果設備僅僅只是告訴你，你的睡眠非常糟糕，這些對你而言毫無用處。」柯拉迪說道，「但是，如果能夠給出導致睡眠品質不佳的原因，那麼這種建議就非常有價值了。」

LifeQ 公司就是透過自己的計算生物學模型分析那些透過可穿戴式裝置收集的資料，對使用者未來的健康狀況進行分析和預測。

目前，諸如 Fitbit、Misfit 以及英特爾的 Basis，全都在做類似的事情，而 Google Fit、微軟 Health 和蘋果 Health 都承諾會對經由設備收集到的個人健康資料進行統一儲存。未來，智慧穿戴式裝置並不只是簡單的記錄儀，更重要的是能夠提供健康解決方案。

1. 即時檢測人體健康資料

可穿戴式裝置式健身與普通健身方式最大的區別在於，用戶可以 24 小時不間斷被檢測，它們小巧、美觀且易於攜帶，最重要的是它能準確地追蹤你的心率、行走步數、睡眠品質、體溫、呼吸頻率、姿勢及其它生命徵象的資料。這些資料讓使用者更好地瞭解運動中心臟的狀態以及運動後心率恢復的時間，進而進行更加科學、有效、健康的運動，使得健身更具有目標性和針對性。

2. 輔助專業的運動訓練

可穿戴式裝置在一些專業的運動領域越發地凸顯出其優勢，特別是專業運動員訓練方面，能夠為運動員記錄相關的資料，以避免出現一些致命的傷害，達到更好的訓練效果。

比如一款名為 Motus Sleeve 的可穿戴式裝置（圖 12-1），它是一個壓縮袖套加上感測器設備來追中棒球運動員的投擲動作。投手使用該設備來不斷修正自己的動作，來防止尺側副韌帶（ulnar collateral ligament，UCL）受傷。主要工作原理是，袖套中的加速度計和陀螺儀來追蹤手臂的運動，並透過藍牙將資料發送到手機。然後根據運動員的手臂移動模式和基本的生物力學原理，Motus 的 APP 能夠計算出腕部的力矩——投球過程中對 UCL 造成的壓力。同時還會追蹤一些手臂速度，最大肩部旋轉角度，球離手時肘部的高度。

圖 12-1　Motus Sleeve

顯然，這類可穿戴式裝置都需要非常強大的追蹤系統，相應的價格也會比較昂貴，目前也僅限於專業運動員使用，類似的產品還有 CrossFit、Insanity 和 BootCamp 等，這些可穿戴式裝置都能追蹤到非常專業的運動資料，但更重要的是在未來，相關的可穿戴式裝置廠商能夠推出一些面對普通消費者（比如喜歡足球、橄欖球和籃球運動的業餘愛好者）的產品，相應的這個市場也更廣。

3. 連情緒也不放過

可穿戴式裝置由於和使用者貼身「相處」，逐漸變成了最瞭解使用者的智慧產品，不過它瞭解使用者是透過精準的資料。而在健身領域，情緒會在很大程度上影響甚至左右健身的最終效果。

在可穿戴式裝置領域，已經出現了多款能夠檢測使用者情緒的可穿戴式裝置，比如由Spire公司研發的Spire壓力監測器（圖12-2），能夠透過對呼吸節奏進行監測來追蹤用戶的精神狀況；

圖12-2 Spire壓力監測器

我們只要一穿上Sensoree公司研發的情緒測量t恤Mood Sweater，我們的朋友不用問就知道我們的心情如何。它上面的感測器會將我們的心情資訊傳送到Mood Sweater的超大尺寸領子，然後領子根據我們的心情發出不同顏色的光。

英國航空公司則展開了一項Happiness Blanket快樂檢測毛毯試驗。該毛毯可透過支援神經感應的藍牙耳機來追蹤你的心情。毛毯會根據使用者的情緒相應地發出代表開心的藍光，或者代表不開心的紅光。

相似的產品還有很多，這些產品未來最大的益處在於能夠及時提醒用戶的壓力水準，以及負面情緒，使用戶意識到這個問題的嚴重性以作調整。

眾所周知，一個人的壓力水準會直接影響到心臟的健康以及脂肪的儲存量，如果能夠最大限度地保持情緒穩定的精神狀態，對於保持身體健康而言是非常重要的。

4. 燃燒真正的熱量

大部分喜歡健身的人對卡路里統計應該都比較熟悉，這有助於人們透過足夠的鍛煉來保持身體健康。而對於那些不常健身，但因著可穿戴式裝置的興起，想靠之來督促自己健身以減肥的人而言，對於熱量的燃燒情況更加掛心和急迫。不過，如今市面上大部分可穿戴式裝置在統計卡路里方面的方式都不恰當，因此最終獲得的資料也不是很準確。比如它們首先透過加速度計來判定使用者的運動方式，然後結合其年齡、性別和體重等資料，透過標準的計算公式來估算用戶所消耗的熱量，這種方式得出的結果顯然是不夠準確的，同時也不適用於統計自己在吃飯時所攝入的熱量。

未來，可穿戴式裝置能否在健身領域得到消費者的認可還要取決於其能否實現 7*24 小時的不間斷追蹤、佩戴感是否舒適、設備使用是否簡單易懂，最重要的是資料是否準確，能讓用戶真的因為這款設備而有了更健康的生活方式。未來，除了已經稍顯成熟的智慧手環之外，還會有越來越多的產品形態進入健身領域，從頭到腳都充滿著機會，比如智慧鞋、智慧襪、智慧護膝護腕、智慧運動衣等等，其中，特別是智慧服飾，將展現出越來越廣闊的市場前景。

12.2 智慧服飾融入健身房

可穿戴式裝置在健身房裡早就已經不是什麼特別新鮮的東西了，運動員和健身房常客經常使用胸帶和智慧手錶或者手環來追蹤他們的表現以及實現目標，但是佩戴類的智慧穿戴式裝置還是會顯示出一些劣勢，比如麻煩，對於那些不習慣佩戴手錶手環的人而言，也並不舒服，因此，這幾年，在業內逐漸出現了智慧服飾，比如智慧襯衫或者智慧短褲之類的，它們就跟穿運動服一樣容易，智慧服飾可以追蹤心率、呼吸率、和活動等生物資料。

目前有兩家智慧服飾公司巨頭，OMSignal 和 Hexoskin。

OMsignal 的智慧 T 恤內建了多個感測器，可以測量穿戴者的心率、呼吸頻率、呼吸量、行走的步數、動作強度、心率變異性和消耗的熱量等，這些資料能夠透過夾在衣服中的一個「黑盒子」藉助藍牙模組傳輸給相配對的手機。同時不管手機是否與這個「黑盒子」相連接，它都會一直收集穿戴者的資料，而其電池續航時間為兩到三天。根據 OMsignal 的介紹，這款 T 恤不僅能夠追蹤穿戴者的各項資料，還可以去除濕氣、促進血液迴圈以及增加輸送到肌肉的氧氣量等。同時，OMsignal 應用能將採集到的資料變成有用的資訊，為穿戴者提供身體狀況、壓力水準方面的即時回饋。此外，它還可以在穿戴者進行鍛煉的時候提供指導和建議，方便穿戴者根據自己的身體狀況調整鍛煉計畫。值得一提的是，OMsignal 智慧 T 恤是可以直接放入洗衣機洗的。

Hexoskin 在 2013 年發佈了第一款可洗的智慧服飾，可捕獲心跳、呼吸和身體活動指標。當前，Hexoskin 的主要研發重點是開發用於健康的創新型隨身感測器，用於健康資料管理和分析的移動和分散式軟體。比如，Hexoskin 最新產品 ASTROSKIN 就支援血壓、皮膚溫度、血氧水準等健康指標的監測。據其公開表露，這些健康指標經過了臨床驗證。這對於我們預防或預警心臟病、高血壓等疾病有重要幫助。

這兩件智慧衣服都有一個共同的特點，就是將各類感測器植入衣服內部，而這與普通的智慧手環手錶類可穿戴式裝置最大的區別在於，衣服是我們唯一可以終生穿戴的東西，換句話而言，智慧服飾不會妨礙我們的正常生活，使可穿戴式裝置在一定程度上隱藏了，而這也恰好是未來可穿戴式裝置發展的終極目標。

12.3 全民健身時代：玩健身

美國最大的風險基金 KPCB 的合夥人 Bing Gordon 說：每個創業公司的 CEO 都應該瞭解遊戲化（Gamification），因為遊戲已為常態。顯然，無論在什麼領域，尤其是在即將到來的全民娛樂時代，具有遊戲化意識在整個創業過程中會顯得非常關鍵，而這對於以全民健身為切入點的可穿戴式裝置領域尤為重要。

相對於無趣、枯燥，甚至痛苦的醫療保健來說，如果能嘗試著融入遊戲的成分，激發軟硬體用戶或者患者主動接受治療的意願，養成健康的生活習慣，則能更大程度地發揮可穿戴式裝置保健的效果。

更直接地說，就是我們如何能把遊戲的行為心理學與醫療保健結合起來，促使患者能自覺、主動並充滿熱情地參與到整個健康管理中來，以幫助他們改善自己的健康狀況。這將讓醫療健康管理遊戲化釋放出更大的魅力。

第一，遊戲可以激發玩家內心深處對玩樂和競爭的渴望。如果將這種渴望接入到可穿戴醫療的某些 App 上，就能形成一個有黏性的社群。比如，智慧手環每天會監測你的步數或者跑步時消耗的卡路里等，而透過接入一些社交平台，讓這些資料半公開化，形成一種圈內的較量。那麼，當你進入到相應的社交平台，發現自己的步數和排前面的這位朋友只差十步時，估計你會馬上站起來在屋子裡走一圈反超他。

未來，當人機對話模式更加智慧的時候，設備在讀懂你意識的基礎上，會時不時跳出來大聲告訴你，你最不想被超越的那個誰又跑到你的前面去了，這時的你就可以部署一下反超戰略了，而在這樣一種你追我趕的互動中，自然就達到了每天堅持跑步鍛煉的目的。

就如遊戲開發公司 Ayogo 的 CEO 邁克爾 · 弗格森所言：健康領域的遊戲並非真的關乎輸贏，它真正關乎的是用戶是否真的主動並且滿懷熱情地參與其中。

第二，將遊戲融入到慢性病管理的 App 或平台中，幫助患者在日常生活中管理自己的疾病，根據病情調整自己的生活習慣。比如 Ayogo 公司將遊戲融入到了一款專為糖尿病患者以及易患糖尿病的兒童而設計的軟體 HealthSeeker 中。使用者可以首先選擇他們期望完成的生活目標，然後透過不斷完成任務獲得積分的方式最終摘取不同的徽章。

任何習慣的建立都需要一個過程，特別是針對健康管理的生活習慣的養成，往往需要外在的驅動力，去推動生活的主體（用戶、患者）持續重複地做某一件事情；而過於粗暴或者不痛不癢的機械的提醒、懲罰都不一定能達到最好的效果。這個時候，遊戲化的方式能起到的作用是：用戶在體驗樂趣的過程中，不知不覺地養成了某種好的習慣。所以，它不但是一種催化劑，而且還是一種潤滑劑。

第三，對患者而言，遊戲能更好地達到醫療效果。據清華大學醫學物理與工程研究所研究員唐勁天表示，遊戲與心理的關係十分密切，安慰劑比藥物治療效果高很多，而醫學遊戲經過設計之後，它的治療效果比安慰劑還要好。可能幾年後，你因為某種疾病去醫院，醫生給你開的處方將是：回家玩兩週由 FDA 批准的電腦遊戲。

《黃帝內經》道：「心者，五臟六腑之主也……故悲哀憂愁則心動，心動則五臟皆搖。」其影響可以說是非常的大。在第二次世界大戰期間，德軍包圍列寧格勒讓當地人憂慮、焦急、恐慌，結果在短短的十幾天內大批高血壓患者出現。這些患者並非傳統的致病因素（高血脂、食鹽過多等）引起，而是戰爭恐怖下的精神高度緊張所致。足以可見，消極不良的心理狀態會引起生理功能障礙和失調，而這時候傳向大腦皮層的資訊也是消極不良的，它會加劇消極不良的心理狀態，形成惡性循環，導致疾病的發生。

這告訴了我們一個現象：心理上的情緒會在一定程度上影響到生理，甚至直接導致疾病的出現。遊戲最大的魅力則在於能給體驗者帶來樂趣，放鬆精神狀態；遊戲化的健康管理雖說治不了本，但卻能起到調節用戶情緒，輔助醫療等作用。

這從歷史上所記載的那些未經治療而自然消退的惡性腫瘤病例中，也可見一斑。據相關報告顯示，那些腫瘤自然消退的患者除了機體免疫功能較強，具有對抗和消除惡性腫瘤的能力外，最重要的還是具有良好的心理素質和積極的精神狀態。

第四，對於醫學研究而言，遊戲化的醫療健康管理所回饋的資訊將更加效率且集中，這能有效地促進樣品採集和研究工作。一般一款遊戲在社交網路平台上會形成一個小的社群，比如醫療專家需要對糖尿病患者的疾病管理進行研究和追蹤時，便可以進入某款專門針對糖尿病患者健康管理開發的遊戲軟體所形成的社群中採集資訊。這些資訊比傳統透過問卷調查所採集的資訊將更客觀全面，因為這些資訊裡面還包含了患者之間平常生活的交流，疾病管理經驗的分享等，這對於研究者來說都是最基礎的原始資料。

目標患者的集群化，一方面對於醫療研究人員、機構、甚至藥品研究機構都可以做針對性的研究；另外一方面對於患者自身而言也可以進行相互之間的資訊交流，獲得一些經驗；協力廠商面則有可能為同類性質的患者提供更集中專業的線上問診服務。

雖然讓醫療健康管理遊戲化能夠釋放很多用戶的內在驅動力，以幫助他們持續地對自身的健康進行關注並做出相應的調整，但這其中遇到的一個所有遊戲類應用或者平台都會遇到的挑戰就是「用戶黏性」問題，即如何持續吸引用戶，培養一批忠誠度高的粉絲。

一、必須推陳出新

一款永遠不懂得升級的遊戲，肯定不是一款好遊戲。在當下這個注意力分散、三分鐘一代溝的時代裡，沒有快速的更新迭代意識就相當於自殺。醫療健康管理類遊戲也是一樣，雖然其真正的目的是為了達到有效干預用戶的日常生活。

這類遊戲的更新除了提升遊戲的趣味性之外，還應該完善遊戲內部更具實用性的各類資料庫，比如藥物資料庫、社交體驗、健康管理方式等，讓使用者能在遊戲之外，真正獲得科學、與時俱進、有效的健康管理的知識、方式。

二、融入社交元素

在遊戲中融入社交體驗已經變成當下的一種趨勢，用戶都傾向於與他人一起玩遊戲，喜歡在遊戲中和其他人競爭，也喜歡與他人分享自己的經歷，所以社交維度將是遊戲化過程中一個非常重要且極具價值的部分。

例如上文提到的 Ayogo 公司，專為糖尿病患者以及易患糖尿病的兒童而設計的軟體 HealthSeeke，由於是放在 Facebook 這樣一個大型的社交平台上的，因此不但有很大的用戶群體，還快速形成了既有競爭又能互動回饋的良性社交圈。

社交性遊戲還能讓用戶在競爭的過程中不斷增加自我成就感。另外，由於在遊戲的過程中能釋放出更多的多巴胺（一種能促使大腦興奮、愉悅的化學物質），讓參與者產生良好的感覺效果，這將促使他們繼續參與，繼而釋放更多的多巴胺，從而形成一個良性的回饋環路。

三、強而有力的激勵方式

強而有力的激勵方式，指的是遊戲中設定的積分以及獎勵是可以直接轉換為物質或貨幣的。比如上文提到的 Mango Health，使用者達到一定的等級可以直接獲得相應數額的美元。這一方面，醫療管理類的遊戲本身跟普通的遊戲存在區別，普通遊戲基於遊戲的目的，其設立的獎品往往是用於遊戲本身的道具之類的東西；而醫療健康管理類遊戲的終極目的則是為了讓使用者覺得這是一種值得擁有的健康管理方式，然後願意主動參與其中，進而產生黏性，形成更具規模的流量和資料，並且為研發者下一步的商業化做準備。

美國明尼蘇達州一家名為聯合健康的公司研發了一款「Baby Blocks」的遊戲，其目的在於鼓勵醫療婦女參加所有的產前檢查，吸引了七個州近五萬名孕婦參與其中。這些孕婦可以透過參加產前檢查來解鎖關卡。在參加了一些關鍵的產前檢查之後，她們還能收到包括產婦裝和嬰兒服飾的禮品卡在內的各種禮物。

另外，激勵方式還可以與醫療機構、保險公司進行合作，比如對有堅持運動、健康生活，病情有所好轉的人保費降低，而對生活習慣不健康的人保費提高；也可以為一些達到一定遊戲等級的使用者提供免費的線上醫療，甚至線下諮詢服務。恰到好處的關卡設置以及激勵方式，會成為醫療管理類應用或者平台吸引用戶的關鍵，特別是激勵方式，設立的獎勵如果還是些虛無縹緲、可有可無的東西，往往很難讓用戶持續產生完成任務闖關卡的動力。

四、注重隱私保護

今天，資料安全與隱私保護問題日益凸顯。醫療健康管理遊戲化同樣存在這樣一個挑戰。參與其中的軟硬體研發方、保險公司、醫院以及各方醫療服務提供者，都可能掌握著用戶非常私密的個人資訊。比如某一慢性病患者，他可能願意參與這樣的遊戲化管理方案，但並不想公開自己病情的詳細資訊，特別是乙肝或者愛滋病患者，資訊的公開可能會直接給患者的生活帶來干擾，而遊戲化往往因其中包含的互動社交性，又很難保障用戶的隱私絕對安全。

因此，在這一點上，除了可能存在的資料洩露安全之外，還有就是參與其中的各方如何打造完全以使用者為中心的資料共用方式。比如一個專門針對糖尿病患者的遊戲化健康管理應用，它每天都會按時測量你的血糖，並且能夠分析出造成你血糖偏高的原因是什麼，然後相應的列出一個比較健康的飲食清單以及作息鍛煉時間表，那麼當使用者以任務方式完成這些時便會得到相應的積分；同時，與這個應用打通的社交平台可以在用戶完成一個任務後彈出一個請求：是否分享到糖友圈，而使用者則可以根據隱私程度自由選擇。

總而言之，是否能有效靈活地保護個人隱私，會在未來成為評估一款軟硬體設備使用者體驗效果的核心標準之一。

Note

CHAPTER

13 可穿戴 + 廣告

廣告，只要有商業的地方，它便如影隨形，像空氣一樣彌漫在你生活的角角落落裡，無論你愛或者不愛，它都會換著法子出現在你面前。而你即便明知這是廣告，有浮誇的成分在裡面，還是會被影響，甚至左右了你的消費方向，所以誰也阻擋不了廣告主們不遺餘力地尋找更佳的廣告展現載體。

那麼在可穿戴式裝置時代，我們或許會覺得可穿戴式裝置介面太小而被廣告主們忽視了。NO，事實是他們的鷹眼早就已經盯上這方寸之地。廣告講求一個詞：精準，而廣告主之所以看上可穿戴式裝置，恰恰是這些設備彷彿一個 FBI 情報員一樣，無時無刻不在向廣告公司回饋目標使用者的一舉一動，能讓他們根據這些資訊制定更具個性化的即時廣告，並且實現前所未有的精準投放。

13.1 都有誰在躍躍欲試？

1. 可穿戴廣告引擎

印度一家名為 Tecsol Software 的公司針對可穿戴式裝置推出了廣告引擎服務。他們以酷帥的 Moto 360 為示範（圖 13-1），在它上面模擬了多個場景，比如說你在街頭行走時，螢幕上會立馬顯示附近咖啡店的資訊，或者在使用者赴約前彈出天氣預報。

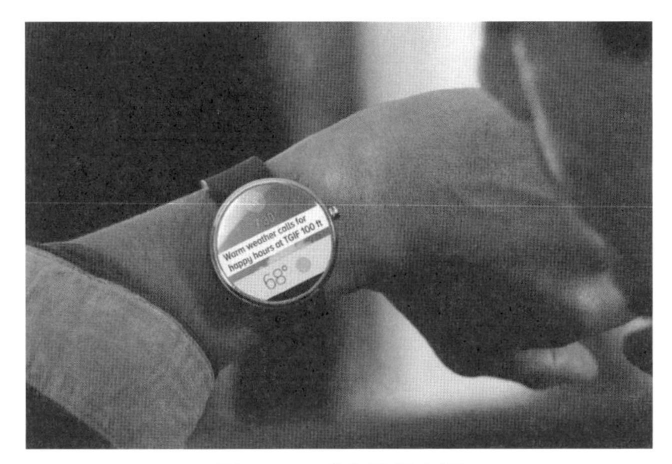

圖 13-1　廣告模擬案例

Tecsol 已經為廣告引擎開發了一個雲端化的基本 MVC 框架模型，可以讓廣告客戶上傳靜態的廣告圖片，然後再透過廣告引擎推送到可穿戴式裝置上，使用者則可以選擇點擊廣告或取消，其動作將會被回傳給平台進行分析。

2. 可穿戴廣告虛擬模型

「任何帶螢幕的設備都有著令人關注的商機。」行動廣告工具開發商 InMobi 副總裁兼營收與運營主管阿圖爾．薩蒂賈（Atul Satija）指出。他們已經有一個團隊在開發智慧手錶、頭戴式顯示器等產品上廣告的虛擬模型，探索使可穿戴式裝置成為下一個有力的行銷平台。

此外，千禧媒體公司（Millennial Media Inc.）和吉普公司（Kiip Inc.）都已加入尋找可行的穿戴式廣告技術，欲將這種可穿戴式裝置打造成新一代的行銷平台。

3. TapSense Apple Watch 廣告投放系統

圖 13-2　TapSense 目前模擬的廣告效果

行動廣告公司 TapSense 在 Apple Watch 還未發佈的時候，就已經針對蘋果 Apple Watch 推出了廣告投放系統（圖 13-2），這個平台允許開發者和商家在 Apple Watch 上進行廣告的投放，並且具有高度當地語系化以及整合 Apple Pay 等特色。

TapSense 的開發者認為，當地語系化是手腕廣告的一個屬性，憑藉 iPhone 的 GPS 功能，與之連接的 Apple Watch 可以根據所處的位置顯示廣告，跟 Apple Pay 整合，則可以讓商家投放優惠券之類的，實現「刷 Apple Pay 可用優惠券」。但目前 Apple 不一定允許 TapSense 在 Apple Watch 上投放廣告，因為 TapSense 公司曾在其部落格中聲明，他們的服務還無法整合 Apple Pay。

此外，行動廣告公司 inMarket 稱他們將很快跟進 Apple Watch 的廣告推送，允許用戶在購物時透過類似 iBeacon 的技術將宣傳內容推送到 Apple Watch 上，但會不會採用 iBeacon 並不清楚。

13.2 可穿戴時代的廣告

可穿戴式裝置所展現的行銷機遇主要在於其擁有富有價值的獨特資料，同時可進行提取加工分析，並據此提供更加細緻的客戶資訊，讓廣告主、行銷者有了更新更好的方式來將資訊精確推到消費者面前。與當前廣告方式最大的不同，在於智慧穿戴時代的廣告更精準、更隱秘，這對行動廣告具有重大意義。

1. 智慧眼鏡

Forrester Research 分析師朱莉 · 阿斯克（Julie Ask）說道，諸如電腦化眼鏡的設備或許甚至能夠探測在逛街購物的用戶在留意哪些商品。阿斯克說到：「產品能感知到我在那裡，這已經非常有趣了；但如果它能感知到我盯著某個商品看了三四分鐘，那就更引人注目了。」

Google 眼鏡就有相關的專利，它能夠追蹤使用者的視線來瞭解他們的想法，甚至還會生成使用者的視線日誌，即使用者在帶著 Google 眼鏡的時候，看過什麼，停留的時間多長，當時的情緒是怎樣的，未來都將一清二楚。此外，Google 還獲得了一項關於顯現在智慧眼鏡上，並且包含付費推廣內容的專利，這個專利描述中指出會在「一定程度上依據每次注視費率來向廣告主收費」。

顯然，相比其他智慧眼鏡，Google 開發的智慧眼鏡在廣告行業必然最具競爭優勢，因為它背後有巨大的使用者資料作為支撐。之所以 Google 眼鏡能夠根據你的偏好將附近的餐廳推介給你，還能告訴你，你有朋友正在哪家餐廳用餐，以及這家餐廳的優惠券和打折活動，都是基於大數據分析。

此外，對於智慧眼鏡來說，還需要擁有良好的人機交互體驗效果，這一點對於可穿戴式裝置時代的廣告，會在很大程度上提升用戶對於廣告的接受度。比如基於語音對話模式的互動性廣告、自主選擇性廣告，一方面解放了用戶的雙手，另外，佔據了主動權。

可穿戴式裝置裡面，螢幕最大的就數眼鏡或者手錶了，但是顯然這個「大」還是很小，因此哪家廣告商如果不識趣地，並且粗暴地用廣告擠滿了使用者的手錶螢幕或者眼前，的確會讓人難以接受。

2. 智慧手錶

目前雖然還未出現真正意義上的智慧手錶上的廣告，但顯然這塊螢幕已經被很多廣告商盯上了，就像上文 Apple Watch 被各大行動廣告商意淫一樣。就智慧手錶的外在造型來看，無論是圓的還是方的，有一點是可以確認的，就是投廣告的地兒沒有手機那麼寬敞，不過方寸之地仍可有大作為。

有人認為智慧手錶會成為人們日常生活中繼電視、電腦和手機之後的「第四塊螢幕」，如果真的是這樣，那麼它註定要成為被廣告界追捧的新角兒。

《Hacking H(app)iness》的作者 John Havens 說：「智慧手錶會提示『你的脈搏頻率在升高，請減少咖啡的攝入』。」Havens 還預見了智慧手錶一個稍微隱蔽的用途，當你走過一家商店，店主可以監測你的脈搏。如果某一件商品使你的脈搏加快，店家便會向你推銷該商品。

這種廣告的投遞形式重新定義了「精準」一詞，傳統的精準建立在泛的大數據分析上，比如你在搜尋引擎中留下了搜索某種商品的痕跡，那麼網頁會彈出與該商品相關的商家廣告，但其實對方並不知道你真正喜歡怎樣的產品，甚至不知道你到底買了沒有。而智慧手錶的這種「讀心」功能將「精準」拉升了不止一個檔次，透過心率測量用戶喜好，並且在後期透過累積這些資料得出精準的使用者偏好。

目前，監測身體各類資料的功能已經成了大部分智慧穿戴式裝置的標配，特別是腕戴類的產品，可以直接透過手腕的脈搏測量心率，這一功能不僅能夠用於輔助醫療，對於那些想獲取用戶終極隱私的廣告主們而言，也是一個絕佳的功能，而未來，這樣一項功能將被用在哪個領域更多，誰知道呢？

3. 指尖上的大腦

可穿戴式裝置製造公司 Personal Neuro 公司有這麼一句口號：「你指尖上的大腦。」這句話是什麼意思呢？就是未來可穿戴式裝置的廣告很可能是透過掃描使用者大腦後進行推送的。比如你情緒低落了，可穿戴式裝置會給你推送巧克力或者某音樂專輯的廣告；你肚子餓了，它會在掃描你大腦後，知道你想吃中餐、西餐還是哪國料理，然後進行精準地推送。

相關的大腦掃描研究技術在近幾年已經陸陸續續地出現了：美國康奈爾大學認知神經系統科學家南森 - 斯普林格使用功能性磁共振成像掃描技術，將大腦中的圖像直接解碼，即我們可以看見他人大腦裡想像的事物；英國科學家研製出一套「通靈」讀腦儀器，試圖使用這種電腦儀器來讀取人類大腦所思考的事情，實驗表明這種讀腦儀器透過掃描大腦可獲得和解釋大腦的記憶資訊。

我相信廣告商們對這樣的技術肯定是歡欣鼓舞，但對於用戶而言就不一定，如果未來大腦掃描技術真的成熟到一個程度，即可以即時知曉你最隱秘的想法，那不是很可怕的一件事情嗎？在行銷界，將類似於這樣的行銷方式稱為「神經行銷」，簡直不明覺厲，我怎麼已經感覺到自己的精神被操控了。

無論可穿戴式裝置上的廣告最終將以怎樣的形式出現，就目前而言，似乎是在設備上整合支付與定位系統，簡單地推送一些附近店鋪優惠券這種方式最為可行，也是使用者最能接受的，畢竟在使用者已經決定消費的情況下，優惠券什麼的總是不會嫌多的。

13.3 可穿戴＋廣告存在的挑戰

1. 廣告的呈現載體

Google 曾經預測，未來廣告將遍佈諸多奇特場所，例如用戶家裡的恆溫器、冰箱、汽車儀錶盤、眼鏡和手錶等物體上。冰箱或者汽車儀錶盤我們可以想像，因為它們都有比較大的空間改造用於廣告投放的地方，但是可穿戴式裝置與這些智慧產品還是有本質的區別的。

當前的可穿戴式裝置物理螢幕均很小，這個大家有目共睹，而且這還只是針對有螢幕的智慧手錶或者智慧眼鏡之類的產品，像智慧手環、智慧戒指、智慧衣物等各類其他產品根本就沒有所謂的螢幕，那廣告該以怎樣一種方式呈現？

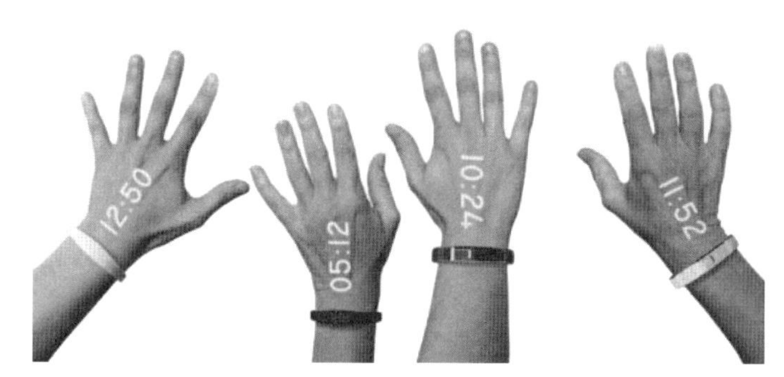

圖 13-3　將資訊投影在手背上的智慧腕表

美國一家初創公司曾推出了一款能將資訊投影在手背上的智慧腕表（圖 13-3），它內建了一個微型投影儀，能在使用者手背上顯示時間和各種智慧型手機上的通知。如果延伸到小螢幕的智慧手錶或者沒有螢幕的其他智慧穿戴產品，投影或許會是一個解決廣告呈現問題的方法。

但是，這其中還有一個問題，即未來可穿戴式裝置的發展方向是隱性化，產品的外在形態會越來越小，直至消失，換句話說它們會直接以微型感測器的方式自然地融進我們的身體裡面，那麼，這個時候嫁接在看得見的產品上的微型投影儀就失效了，廣告怎麼辦？

語音。人機對話模式的下一個階段就是語音，而使用者在這個時候也會從原先的被動接收廣告轉向主動索取。舉個例子，比如你想買衣服了，隱藏了的設備在綜合季節、氣溫、主人身材、偏好、心理價位等資訊的基礎上，對線上的商品進行一輪篩選，然後推介到用戶面前。那麼，怎麼呈現呢？以虛擬實境的方式呈現在立體空間裡（圖 13-4）。

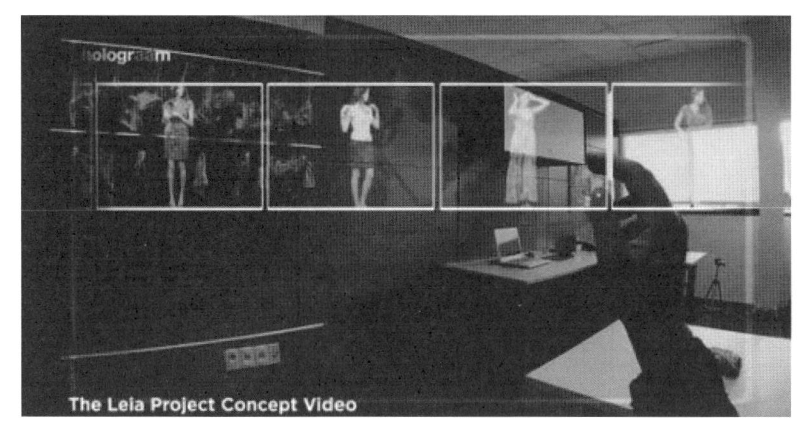

圖 13-4　以虛擬實境的方式呈現

想像一下，我們只要按動某個啟動鍵，講一句「我要買衣服」，我們的眼前立馬出現虛擬實境影片最重要的是那些個衣服的試穿者不是身材與我們大相徑庭的模特兒們，而是我們自己，是我們所數位孿生的數位虛擬人，我相信這樣的方式相比如今的各類線上購物，會讓我們減少很多麻煩，比如退貨。

可穿戴式裝置最終的顯示技術就是依託於虛擬實境技術，在任意空間顯示，這就突破了現在螢幕小的問題，而當前依託於物理螢幕或者投影技術的廣告呈現方式都是暫時的過渡階段，但這個階段所持續的時間會比較漫長，因為其中所要攻克的核心技術非一朝一夕就能實現的。

2. 消費者對廣告的態度

真正被賦予現代意義的廣告概念誕生於 17 世紀末，從概念誕生至今，廣告的形態、投放形式、承載媒介都已經發生了翻天覆地的變化，如今的廣告已經開始以一種無孔不入的方式出現在消費者的面前，而與廣告轟轟烈烈的發展勢頭形成對比的是，人們對於廣告的態度。

浩騰媒體曾發佈了一個關於消費者對行動廣告態度的報告，其中指出消費者對行動廣告的態度多種多樣。絕大多數人（89%）都對行動廣告感到反感，但同時又有 75% 的人認為行動廣告是有趣的，甚至 94% 的人認為是有必要的。

顯然，大眾對於廣告的態度是矛盾的，可以有，但不願意被粗暴地對待。另外，進入可穿戴式裝置時代，至今還沒有明確的案例或者資料能夠說明，使用者能接受怎樣的廣告形式。但相比同樣的廣告在電視上或者手機上，和出現在用戶的智慧眼鏡或者智慧手錶上，肯定後者會更讓人感覺到自己的私人空間被可惡的廣告入侵了這一事實。

雖然，定制廣告、精準投放已經成為廣告行業接下去的發展常態，這在一定程度上緩解了用戶與廣告商之間的矛盾，但入侵用戶生活，強迫用戶接收的性質沒有變，而進入可穿戴式裝置時代，消費者和廣告商會出現一種全新的關係，即將由可穿戴式裝置把關哪些廣告，什麼時候，以怎樣的方式出現在使用者的眼前，最大程度上讓廣告以一種輔助使用者更好生活的資訊狀態出現，同時也發揮廣告本身的價值。

IDC 做的一個研究發現，朋友圈推薦好的東西又不是廣告最受歡迎，換句話而言，我們只要推薦的是符合用戶心理期待的好東西，是不是廣告已經不重要了。

總而言之，搭載著人工智慧的可穿戴式裝置會逐漸模糊市場行銷與生活的界限，而消費者與廣告商之間的關係也將重新被定義，未來哪一天，會出現新的一個詞代替「廣告」也很有可能。

3. 大數據商業化與個人隱私之間的矛盾

商業似乎跟個人隱私天生就是對抗的，特別是進入了大數據時代的今天，隨著資料計算分析能力的不斷提升，那些有意於利用這些資料的人可以輕而易舉地透過資料化的零碎資訊拼湊出一個現代意義上的完整的人。每個人的周邊彷彿有千萬雙眼睛在盯著你，以全景式方式洞察著你。

對於置身其中的使用者而言，一方面渴望大數據時代給自己帶來更為貼心便捷的服務；另一方面，又時刻擔憂著自己的隱私安全遭受侵犯。這種焦慮從 Google 眼鏡在發佈過程中屢屢受挫就能體現，即使 Google 眼鏡事實上什麼也沒有做。

行動網際網路時代，用戶開始強烈感受到隱私洩露的威脅，而可穿戴式裝置時代，顯然是加深了這種威脅，因為可穿戴式裝置的核心就是個人資料價值的挖掘與利用。於廣告而言，可穿戴式裝置為其創造了一個全新的行銷平台，讓廣告變得更具侵入性，而同時也讓個人隱私問題顯得更加扎眼。

大數據的商業化實質上就是一場商家與商家之間，用戶與商家之間的隱私交戰。對於商家來說，誰更靠近用戶的隱私，誰就佔據了更多的機會；於使用者而言，如何在享受大數據時代給自己生活帶來便利的情況下，使自己的隱私盡可能地得到保護。事實上，這二者是矛盾的，處在一種此消彼長的拉鋸戰中。比如，廣告商只有越多地知道消費者的真實想法，才能更精準地投放廣告，而真實想法又往往不能光明正大地獲取，具體怎麼獲取大家懂的。消費者的恐慌則出自對二者關係未來將如何發展的不確定性，誰也不知道哪天商家會得寸進尺到什麼程度，而用戶將與商家因為隱私問題將搞得如何不可開交。

因此，如何在可穿戴式裝置時代，於大數據商業化與使用者隱私保護之間尋找到一個平衡點，是這整個時代都無法繞過的一大問題。歐盟的「被遺忘的權利」允許用戶刪除認為侵犯到自己隱私的資訊，這是歐盟關於大眾隱私保護邁出的第一步，或許會收效甚微，但至少已經在提示所有人，大數據的商業化是大勢所趨，而個人隱私保護也正在隨之得到越來越多人的回應，未來，將在法律層面賦予每個人去捍衛自身隱私得到保護的權利。

總的來說，在可穿戴式裝置時代，廣告的形態、價值、載體都將會發生根本性的變化，而對於可穿戴式裝置的商家們而言，這顯然是一個巨大的價值藍海。

CHAPTER

14 可穿戴 + 家具

14.1 物聯網的中心——人

14.2 最佳的智慧家庭終端——可穿戴式裝置

14.3 融合了可穿戴終端的智慧家庭優勢

今天，智慧化在我們的生活中無處不在，尤其是家具。幾乎我們能想到的、所看到的家具都進行了智慧化的升級。比如，燈泡是可以聲控的，掃地有掃地機器人，洗衣機是全自動的，就連冰箱也發展出了五花八門的智慧功能。

比如，2023 年，西門子就開發除了一台可以聞到異味的冰箱——西門子 eNose 智慧冰箱，這精準擊中了消費者對食物新鮮度檢測的健康需求。

圖 14-1

靠自己的眼睛和鼻子判斷冰箱裡的食物是否變質，是一門玄學，充滿不確定性。冰箱裡的一種食物變質，產生的細菌會傳播到其他食物上，繼而引起其他食物變質。所以，及早並且準確的判斷是否有食物變質非常重要。

那麼，冰箱裡的食物變質會釋放出氣體，是不是能用氣體感測器監測？基於這一想法，憑藉 Bosch Sensortec 的氣體傳感技術，西門子成功開發出了這台智慧冰箱。

智慧 eNose 中的感測器可以 24 小時監測冰箱內的氣味，一旦監測到食物散發出異味，立即透過手機發出預警，並自動開啟除菌淨味功能，除菌率高達 99.99%。這款冰箱憑藉包括創新保鮮技術在內的多個優勢，獲得了 AWE 2023 艾普蘭設計獎。

14.1 物聯網的中心——人

人是一種本質懶，同時又很會享受的生物，而作為主導這個世界發展的人，推動科技發展的源動力也在於「懶」，那麼反觀這幾年發展得如日中天的行動網際網路，無不在圍繞著「人」這個個體衍變出千奇百怪的生活方式，同樣，進入當下概念被炒得沸沸揚揚的「物聯網時代」，目的依舊只有一個，圍繞人建立更加個性化、便捷化的生活，讓人在其中變得更加懶，而邁向這種生活的第一步便是打造依託於可穿戴式裝置的智慧家庭。

可穿戴式裝置讓人與設備之間的距離縮短了，更好的體現了人在智慧時代的主觀能動性，而電子與生物的融合技術以及大數據與雲端運算讓人變得越來越智慧，神仙的「意念控制」不再是幻想。在神經影像技術所建立起的大腦控制內容資料庫上，將可植入式晶片植入大腦對應的控制位置，利用其對大腦進行電刺激，阻止或記錄（或同時記錄和刺激）從大腦神經元傳入或傳出的信號，就可以間接獲取被植入人的特定資訊或向其輸入執行特定命令。在這一基本原理上，將可植入式晶片植入大腦的不同位置，就會實現不同的功能。

人成為了智慧化的終端媒介，家庭生活不再需要中央控制電腦，人腦與硬體人機合一，你的「想法」就能幫助你發出指令，並直接操控家中的一切設備。

未來 24 小時，智慧圍繞身邊

科幻電影中的虛擬顯示結合人的「超強」大腦，未來人們生活中將處處都有智慧電子屏的盛景，這將是一個令人興奮的世界。

早晨，低頻震動類型的智慧提醒，配合睡眠追蹤監測資料，在已設定的健康時間之前半個小時以震動的形式喚醒用戶，一天好心情從起床開始。全自動早操設備，已經根據資料做好每日分類營養早餐，只需要睜開雙眼，在面前的虛擬智慧電子屏中，選擇開始，美味的早餐即可送上。

上班之前，智慧聯網設備可以清晰的為您規劃實景路線，大數據和雲端運算會告訴設備，即時人流量和車流量，並預計各條路線的出行「擁堵情況」。為你選擇最佳路線，並提前預定好目的地周邊的停車位，並實現網上支付以減少進出停車場的等待時間。

離開家後，家中自動進入無人模式，燈光、溫控等進入智慧節能模式，家用電器進入帶準備狀態，冰箱開始清點食物庫存，及時網上自動下單、採購補充食材。智慧清理機器人，開始清潔工作，清潔完成自動待機。下班前，將今天想要吃的中餐 / 晚餐透過生物智慧控制下達指令，家中的人工智慧及智慧家庭設備就開始工作了，根據你的要求，為您準備符合你口味的大餐。

忙碌了一天，帶著疲倦的身體回到家中，智慧監控設備為你打開車庫，門禁系統生物識別為你開門，並同時根據你的指令開啟家庭溫馨模式，燈光、音響、空調、電視、牆面背景為你營造舒適環境。如果想帶朋友狂歡，完全不用出去，只需下達指令，家庭幫手們就會為你打造一個盛大的晚會現場，並為你提供豐盛的食物、飲品。洗完澡後，虛擬視訊與朋友、家人做簡短的晚安問候，進入睡眠模式，根據你的睡眠資料，智慧家庭自動調節，為你營造最佳睡眠環境，並時刻檢測你的睡眠狀態。一天生活，在輕鬆便捷的同時，智慧家庭還會帶給你溫暖的問候語關心，人工智慧語音更是可以充當你的臨時朋友，傾聽你的訴說，為你分擔，並提供建議。

總而言之，在物聯網時代中的智慧家庭裡，汽車、電器和所有其他裝置都有偵測器和網路連接，可自行思考和行動。裝置與裝置之間、裝置與人之間實現直接的對話。

14.2 最佳的智慧家庭終端——可穿戴式裝置

現在市面上大部分的智慧家庭，連結的終端主要還是智慧型手機，這對整個智慧家庭產業來說，其實還只是開始，真正的智慧家庭時代肯定是連結在可穿戴式裝置上面的，因為唯有可穿戴式裝置能即時監測人體的各項資料，而這些資料未來會成為打造智慧生活的核心。

作為智慧家庭的先驅大牌企業海爾曾經就研發了全球首款控制空調的智慧手錶。透過腕上的這款手錶，使用者只需透過簡單的語音指令就能夠對空調進行控制，開關機、調節風量、濕度等所有空調功能都會實現，相對現在備受推崇的手機 APP 控制，也省卻了掏出手機打開 APP 兩個步驟，讓使用者可以更「懶」，也打破了目前白電網際網路轉型通用的「產品 +APP」發展模式。

不僅如此，隨著可穿戴式裝置的發展，萬物都可連接的時代也日漸到來，家門可以透過可穿戴開門、燈泡可以透過可穿戴打開，甚至連汽車都可以由可穿戴控制。OPPO Watch4 Pro 就具有這樣的功能，2023 年 9 月 6 日，OPPO 官微就正式宣佈，新品 OPPO Watch4 Pro 首發理想無感車鑰匙功能，同時還會支援比亞迪、長安、愛馳等眾多品牌的車鑰匙功能，為使用 OPPO 手機、手錶的車主們實現隨心無界的出行體驗。

具體來看，在 OPPO Watch4 Pro 適配了手錶車鑰匙功能之後，車主們只要佩戴著手錶即可對車輛進行無感藍牙解鎖，靠近車輛時即可自動完成解鎖動作，下車離開時同樣能做到自動落鎖的功能，有效簡化著上下車時的操作流程，且無需擔心人走後考慮車子是否已經上鎖的常見問題。在手錶之上，用戶還可實現遠端續航查看的功能，顯示著自己的汽車還能擁有著多少純電以及純燃油續航。同時車輛的充電進度也可做到抬腕可知，在出行前更清晰明瞭地查看到續航狀況而提前做好準備，避免不必要的續航焦慮問題。面對著高溫或高寒天氣，車主們都可在 OPPO Watch4 Pro 做到遠端空調控制，出行前啟動車裡的冷氣或者暖氣，一上車時即可享受到最舒服的溫度條件，無需待到上車時才長時間等待空調運作。此外，OPPO Watch4 Pro 的鑰匙功能還可以實現像遠端開關車窗、鳴笛尋車等功能，有效塑造出舒服的智慧出乘體驗。

從冰箱到燈泡，從家門到汽車，家具與可穿戴式裝置的結合，最大的顛覆在於，所有智慧化的家電家具將逐漸隱於生活之中，雖然空間依舊被佔據著，但情感上將越來越感受不到它們的存在，因為這一切感受將全部由可穿戴式裝置接棒。比如你跑完步回家，原本需要開門進屋，手動按遙控打開空調，然後慢慢感受室溫降到舒適的溫度，但是未來智慧化家庭生活會將這一切都省略掉，那個時候，你回家，不用掏鑰匙開門，智慧門會自動識別你是否這個家的主人，家中空調早就根據智慧手錶傳達的體溫、心率等資訊自動調節到適宜的溫度和濕度，浴室也已經放好了熱水等待你沐浴，總而言之，用戶與所有家具之間都將可以實現零互動。

智慧家庭與可穿戴式裝置，同是智慧化時代的產物，二者的交互融合是大勢所趨。作為人體智慧化延伸的可穿戴式裝置是人與物交互智慧的體現，可穿戴式裝置作為網際網路物理屬性的產品，不僅能將人與硬體進行連接。在智慧家庭方面，可穿戴式裝置更是家具是否能有效智慧化的關鍵載體，成為開啟智慧家庭的迷你鑰匙。而可穿戴式裝置介入智慧家庭，還將極大的縮減使用者和產品的互動，甚至在某些方面實現「零互動」，實現真正的「便捷體驗」，目前基於手機、平板控制的智慧家庭產品時代將會被徹底被顛覆。

14.3 融合了可穿戴終端的智慧家庭優勢

智慧家庭現在還在發展階段，仍需要人來簡單操作從而完成指令，所以，控制端在攜帶上和操作上的簡化對智慧家庭的發展意義重大。目前，智慧家庭的控制端大多是基於手機和平板電腦為控制介面，如果將控制端改為可穿戴式裝置，例如手錶，將會極大的改善用戶體驗。我認為其優勢主要體現在以下幾個方面：

一、操作更加便捷，將人性化發揮到極致

相對於手機平板控制的智慧家庭系統，融合了可穿戴式裝置的智慧家庭在使用上將更加便捷。在操控方面，它幾乎可以完全依靠人體的自然動作實現操作，比如透過眨眼、揮手等開啟錄音或下達指令。這顯然比雙手捧著設備按鈕、滑動、翻功能表、搜尋更加誘人，極大縮短使用者與產品的互動時間。當然，我們還可以藉助於如何了人工智慧的語音交互系統，只要說出我們希望設備運作的功能，人工智慧系統就能幫助我們管理這些智慧設備。

二、24 小時隨身攜帶，無時間空間界限

就像智慧型手機相比 PC 可更加便於攜帶一樣，可穿戴智慧設備相比其他移動設備在攜帶上無疑更加便攜，不管我們多愛自己的手機，也不可能在晚上抱著它睡覺，但是手錶、腕帶，甚至是基於智慧紡織材料打造的智慧睡衣等可穿戴式裝置卻可以。可以抱著睡覺並不能算是優

勢，但全天候攜帶的特性卻可以給我們帶來很多有價值的應用，比如對我們的身體健康進行持續的健康醫療監測等。

三、與生俱來的資料能力，助力 WEB3.0 的實現

由於可穿戴式裝置幾乎跟人體融為一體，其所帶來的強大數據能力與生俱來，因為我們的生命跡象以及我們的行為都將藉助於可穿戴式裝置資料化。這些資料與家庭系統建設的融合將極大改善居住體驗，做到私人專屬定制，讓便捷真正滿足用戶所需。同時，個人虛擬資料化主權的到來，將助力於 WEB3.0 的實現。

四、實現人與物的交互，讓家庭生活進入智慧時代

目前智慧家庭存在的一個普遍問題就是停留在物與物之間的智慧連接，不論是基於匯流排、無線，或射頻技術，都是基於硬體產品之間的技術探討。而智慧家庭的核心是如何讓產品智慧化後為生活服務，因此基於可穿戴式裝置進行連接與控制的智慧家庭產品，將有效的連接人與產品之間的智慧互動。透過可穿戴式裝置產生的人體體態資料，自動對產品進行控制，不論是動態或是睡眠。

Note

CHAPTER

15 可穿戴＋公共管理

根據《富比士》的一份報導，在一起傷人案件的訴訟中，原告，生活在加拿大卡爾加里的一名女士利用 Fitbit 上的資料向法院說明，自從發生了意外事件後，她的活動能力出現了下降。重要的是，這些資料是由協力廠商分析機構 Vivametrica 在經過分析後，再遞交給法院的，並非直接遞交原始資料。這是有史以來，法院第一次允許人們使用個人健康追蹤器上的資料作為呈堂證供。

這個例子讓我們預見到，未來結合可穿戴式裝置的個人資料將會出現更多的應用方式，特別是在一些公共事件管理中，比如犯罪管理、破案偵察、城市建設、民意調查等等方面，可穿戴式裝置都將發揮越來越多的作用，為政府以及各個機構節省成本。

可穿戴式裝置先驅，富比士全球七大權威大數據專家之一，阿萊克斯·彭特蘭教授在一場名為「大數據開啟大未來」的主題演講中，道出了其中幾分玄機。他談到：可穿戴式裝置時代的大數據未來可能在健康、金融、城市發展以及犯罪預測等多個領域發揮無可計量的作用，為我們展開了一組資料書寫的未來生活畫卷。

15.1 身份驗證：可穿戴式裝置的殺手級應用

現今，身份驗證方式已經越來越多，安全保障也是層層升級，甚至已經有許多智慧設備都可以直接採用人體生物特徵，比如指紋、心率、臉部特徵等進行身份驗證，這些方式既快速又安全，可以說是非常完美和受歡迎的一種身份驗證方式。相比傳統的密碼加密方式，採用人體生物特徵方式進行加密解密的方式將會逐漸替代傳統方式，成為未來分佈在各種社交網站、智慧設備、支付方式中最為主流的一種安全方式。

然而，實現這種方式的絕對安全，可穿戴式裝置會是終極的選擇。為何這麼說？因為穿著它，就是個驗證。可穿戴式裝置相比其他智慧設備是最瞭解使用者的，它的主要職能就在於搜集使用者身上的資料，而這些資料在經過後期的加工處理以及回饋，便成為了獨一無二的身份識別驗證碼。話句話說，依託可穿戴式裝置打造的身份識別方式，不單單是依據某一樣人體生物特徵進行身份識別的，而是依據包括心率、血壓、血脂、臉部特徵、皮膚特點、個人喜好等在內的具體以及抽象的各類資料綜合而得出的一個身份識別碼，這個身份識別碼，是獨一無二的，也是不可替代的。這就是可穿戴式裝置巨大的魅力所在，這樣的應用若還稱不上殺手級應用，還有什麼可以？

一、依託可穿戴式裝置的安檢方式

亮出了可穿戴式裝置的殺手級應用，那麼，它和公共生活有什麼關係？我的觀點是，可穿戴式裝置獨一無二的身份驗證是未來支撐所有公共管理的核心，即如果沒有這個功能，其他的一切都將無法推行。我們可以從以往的公共生活管理中觀察到，個人身份的識別困難對其造成的阻礙有多大。

在中國的特區——深圳市，據當地軌道辦介紹，安檢設備在不包括設備維修維護成本的情況下需要支出約 1.2 億元，每月投入的人力成本資金則至少是 5148000 元，每年的安檢光人力的運營成本就超過了六千多萬，這樣算下來，如果加上設備成本每年折算的話，深圳地鐵每年的安檢成本估計在 1 億左右。這還獨獨是地鐵，此外還有機場、客運車站、火車站等公共交通場所，以及大大小小的需要安檢的地方還數不勝數，這些地方的安檢方式都還延續著傳統的耗費人力以及時間的方式進行著，我們可以預測依託可穿戴式裝置的安檢方式在全國的市場將有多大。

2014 年 3 月 25 日，春秋航空藉助可穿戴式裝置智慧手錶，首次成功完成快捷登機，旅客使用智慧手錶展示 QR code 登機牌完成檢票、過安檢、登機。

「叮！」把手腕靠近地鐵驗票閘門，就完成了地鐵進站刷卡。這樣不用在乘坐公車、地鐵前忙亂地在包裡尋找交通卡，只需用手腕上的智慧手錶就能實現刷卡進站。如今，在北京已經可以實現刷智慧手錶搭乘大眾運輸。

在公共生活領域，可穿戴式裝置將首先在交通安檢這一領域發揮作用，依託於可穿戴式裝置的安全身份識別應用一旦形成，將會為我們的出行帶來巨大的便利，首先就是坐公車、地鐵，再也不用帶交通 IC 卡了，更不用到一個站就掏身份證，一次又一次將自己難以見人的身份證照片暴露在陌生人的面前，這一切在以後直接帶個手環，刷一下就什麼都解決了（圖 15-1）。

圖 15-1　刷手環完成支付

從交通安檢延伸到其他各種要辦卡的領域，對於特別愛辦各種會員卡、銀行卡的人將是一次解放。以後出門，再也不用因為錢包塞不下各種卡而煩惱，這些卡可以通通裝進智慧手錶中帶走，需要用的時候，輕喚一聲，它就自己蹦出來了，取錢，拿會員積分兌換禮品都不用你輸入繁瑣不堪的密碼，只要一刷就可以了，即使弄丟了，別人撿到也是廢物一個，因為沒有你身上獨特的「味道」，這只手錶一定罷工。

穿戴一個智慧的設備在身上，於人於己都方便。紐約的一家工作室就提交了一個專案，目的在於增進公共交通工具的方便性。他們設計了一款名為 Relay 的腕帶，可以整合地鐵資料，並即時向佩戴者顯示這些資料。比方說，你拿不定主意是坐計程車還是乘坐地鐵時，Relay 會告訴你，哪趟地鐵將在何時到達附近的地鐵站。

可穿戴式裝置在經過對資料進行分析之後，能夠精確地獲知用戶當前所處的狀況，以及所需要的建議，並且能夠及時對情況進行處理，為使用者提供切實可行的方案，這種技術會在智慧型城市的建設過程當中，成為提升公共交通使用率的一種有效方式，因為它可以讓市民上下班通勤變得更方便、更愉快。

這僅僅是可穿戴進入公共服務領域的開始，不久的將來，可穿戴式裝置將被引入政府的公共管理領域。當公民資訊、公民誠信檔案等被植入可穿戴式裝置時，我們將不再為身份證的攜帶、丟失而煩惱，我們也不再為過安檢時的身份驗證而繁瑣，也不再為實名制而爭論，這不僅節約了公共管理成本，提升了效率，更能有效預防犯罪事情的發生。

二、依託可穿戴式裝置的實名制

當「你」是以「你」的身份出現在網路環境中的時候，你還敢輕易地亂來，或者製造謠言嗎？諒你也不敢。當買各種票開始實名制了，辦各種卡開始實名制了，開通手機號開始實名制了，甚至買手機也要實名制了的時候，你覺得其他的實名制還會遠嗎？特別是在網路環境中，許多人都因為虛擬身份而肆無忌憚地對罵、製造謠言，這一切給我們的「網路淨化師」們不知道製造了多少的困擾，即使是這樣，在如今的環境下，他們依舊沒有非常有效地方法讓這一切好轉，哪怕減少一點點，為什麼？因為，從外部施壓只會讓那部分喜歡在網路上發洩的人更加囂張，只有一個辦法可以緩解這些情況，實名制。

2013 年 3 月 16 日，中國，新浪、騰訊等微博全部實行實名制，需要提供身份證資訊進行認證，採取前台用戶名稱自願，後台身份資訊實名的形式。在此之後，未進行實名認證的微博用戶將只能瀏覽，不能發送微博、轉發微博；2015 年中國中央網信辦將全面推進網路真實身份資訊的管理，以「後台實名、前台自願」為原則，包括微博、貼吧等均實行實名制，對此將加大監督管理執法的力度。今天，實名制更是幾乎覆蓋了所有的網際網路應用。

實名制的利弊我們在此不做分析，但有一點我們能看到，對於推行實名制，這些網路社交平台所要花費的人力物力將攀升。拿新浪微博舉例，實名制後將提高三方面的成本，一是營運系統的複雜性將提高，需要更多伺服器；二是網站需要核查使用者「身份資訊」；三是用戶隱私保護要求更高，保護難度更大，這也將提高微博網站營運成本。

而目前網站可使用的「公民身份資訊核查」業務，價格分兩種：一是個人用戶，每次 5 元，二是企業用戶（比如支付網站），收取包年費用，價格比單筆 5 元低很多，平均下來，一般是 0.5 元 -1 元 / 人次。據新浪在 2013 年的時候自己宣佈，新浪微博用戶已經超過 5 億，那麼如果按照 0.5 元 -1 元 / 人次的價格，僅新浪微博用戶的實名制市場蛋糕大約 2.5 億元至 5 億元。

可穿戴式裝置時代的到來將會加速「實名制」的進程，有效消除治安管控盲區。怎麼去理解呢？上文提到可穿戴式裝置的殺手級應用就是身份識別驗證，這一功能對實名制來說，起到的是一個根本的推動作用。過去，我們在微博等平台註冊時，後台工作人員仍需核實資訊的真實性，而穿戴式裝置將會省略這一環節。未來帶著可穿戴式裝置註冊任何網路平台，用於登記實名制的相關資訊將直接傳到營運商，並且絕對真實。再則，關於資料安全問題，這把鑰匙僅掌握在使用者手中。一旦穿戴式裝置離開使用者，個人資訊將隨之鎖定，這種安全等級前所未有。

除了新浪以外，還有支付寶公司等網站，雖然不知道確切的資料，但是從新浪網的例子中就可以知道「實名制」在未來的網路世界裡是片藍海，這也符合從內在約束一個人在公共空間裡，權重從自己口中所出的話語，使得網路環境更加有秩序，從另一個角度來說，政府將會不遺餘力地推動與這方面相關的建設。

尤其是在元宇宙時代，我們每一個人都將擁有一個數位虛擬體，或者說擁有一個數位虛擬身份，這種身份將基於量子加密技術而實現跨平台，並且具有通用性。這背後顯然就離不開基於可穿戴式裝置所建構的數位身份，這種身份具有唯一性與保密性。而實現唯一性與保密性的核心，就在於可穿戴式裝置背後的生物識別技術，藉助視網膜、脈搏、心率、指紋、掌紋、臉部等個體的唯一性生物特徵，就能建構這種獨特的數位 ID。

15.2 約束犯罪行為

早前，迪拜市的員警們已開始使用 Google 眼鏡來幫助識別被盜汽車了。這種設備有兩款應用程式，其中一款允許佩戴者使用 Google 眼鏡來拍攝交通違章行為；另一款應用程式則可以透過車牌比對來幫助識別被盜的汽車。此外，紐約市、洛杉磯以及拜倫市的員警也在試用 Google 眼鏡。

美國密蘇里州小鎮弗格森所爆發的騷亂可謂是引人注目，事件的起因是白人員警槍殺手無寸鐵的黑人少年，從而遭到了民眾的抗議。該事件也引發了美國輿論對員警執法透明度的再次討論，所以員警佩戴可穿戴式相機，就是可以透過技術手段來解決此類問題的一個方式。

圖 15-2 員警佩戴可穿戴式相機

目前，在美國加州里亞托地區，幾乎所有的員警都裝備可穿戴式相機，獲得了顯著的成效。第一年，整個地區的武力執法下降了 60%，員警投訴率也下跌了 88%。心理學家表示，可穿戴相機的作用不僅僅是約束員警，同時也約束公民，從而減少犯罪行為。

可穿戴式裝置特別適合協助員警辦案，比如頭戴式的測謊儀，讓嫌疑犯的謊言無處遁形。我們可以在頭盔中裝上能夠檢測腦電波或者神經系統的探測頭，如果向嫌疑犯拿出犯罪現場或受害者的照片，詢問嫌疑犯是否瞭解照片中的現場或受害者時，不管嫌疑犯表面裝得多鎮定，只要他說謊，就能立刻反映出來。這才是正宗的「讀心術」，是真的能讀到你的心，而不像今天要靠觀察對方非常細微的表情動作來進行判斷。可穿戴式裝置時代，我們的思維將越來越多地裸露在大眾面前，比如，面對面相親的男女，談判桌對面的客戶，甚至是賭場裡的對手。

還有如果能夠快速識別混跡在普通人群中的犯罪嫌疑人，將能快速推動案件的發展。巴西警方就有這樣一款可穿戴式裝置，它是一副眼鏡。這款眼鏡能在 50 碼的距離之外每秒鐘掃描 400 張面孔，然後將每張面孔的 46000 個生物識別點與罪犯資料庫進行對比。一旦資訊匹配上，就在眼鏡畫面裡以紅線標示可疑人員，不必讓員警和市民經受枯燥的隨機身份核查。而美國將發售一款售價 3000 美元的警用智慧眼鏡，除了上述功能外，還能在追捕過程中推測嫌疑犯可能的逃亡路線。

不管是智慧頭盔也好，智慧眼鏡也好，不同的可穿戴式裝置在協助警方執法方面將發揮越來越關鍵的作用。這樣一方面起到提高破案效率的作用，另一方也抑制犯罪事件的發生，促使社會更加安定。

而融合了 AI 識別技術之後的可穿戴眼鏡，在基於人臉、表情、行為特徵大數據預測系統，就能非常有效、及時的進行犯罪行為的預防與干預。不論是基於城市的監控攝影機，還基於巡邏員警所佩戴的智慧眼鏡等。但這也將會引發巨大的爭議，也就是公民隱私權的被侵犯。

很顯然，在數位化、智慧化時代，或者說當我們進入一個全面的智慧穿戴時代，當人的行為特徵都被資料化之後，如何保障我們的權力不被演算法干預、統治，如何保障我們的隱私不被演算法與政府過分的侵犯，這將是當前與未來我們人類社會所面臨的巨大的挑戰。

15.3 你的城市，你來建設

1998 年的某一天，統計學家大衛 - 費爾利（David Fairley）走在三藩市一條繁忙的街道上，準備去幼稚園接兒子，隨後他感到四肢無力，頭暈眼花。在被送往醫院的途中，他的心臟病發作了。

大衛 - 費爾利將自己心臟病發作的原因之一歸結為倫敦當時的空氣環境，即他在透過多年的研究得出，調查空氣顆粒物與死亡率上升之間的關係，特別是心血管和呼吸系統問題導致的死亡。

他談到：「即使我心臟病發作還有其他因素，我仍然相信，當時在那條街道上步行，是導致我發病的原因之一。」他說：「超細顆粒非常之小，所以相當不穩定。它們不會停滯，而是會聚成較大的顆粒或者擴散出去。在車流量大的街道上，超微粒子的濃度真的高得多。在一、兩條街之外步行就會安全許多。」

在許多年之後，大衛 - 費爾利才醒悟到，如果客觀環境還暫時無法改變，那就只能改變自己的出行路線，後來，他改走了一條車流量比較小的街道。

從這個真實的案例中，我們可以獲知人們對於環境對身體將產生怎樣的關聯影響之間的認知，最樂觀的狀態也莫過於像費爾利一樣了，即使是這樣，在行動上他還是滯後了許多年。那麼，在這個方面，可穿戴式裝置能發揮怎樣的作用？

可穿戴設備有許多產品形態，比如腕帶、手錶、衣服等，然後在這些產品中置入無線感應器的防污染口罩，它們能夠時時地收集街道上的各種資料，比如空氣顆粒濃度、二氧化碳含量、PM2.5 指數等等，把它們跟來自政府、學術界等機構的歷史資料做比較，在關鍵時刻把正確資訊推送給使用者。

若當時的大衛 - 費爾利擁有這樣一款可穿戴式裝置，他就不會在多年後才改變自己出行的路線。因為這款裝置會即時提醒他，當前這條街道的顆粒濃度會對他的身體造成不適，甚至導致心臟病的發作等等，並且建議他走隔壁哪條道，會更好。這就可以使他即時做出正確的決定，立刻改變線路，而不至於讓自己的身體長時間地暴露在不良的環境中。

跟政府和學術機構合作

目前，已經有越來越多的可穿戴式裝置公司在努力為學術研究人員和政府提供相應的資料。例如，可穿戴式裝置會在空氣指標達到一定程度時，提醒用戶目前處在什麼程度的空氣污染中，這會給他的健康造成什麼樣的潛在影響。有了這樣的資訊，空氣污染管理機構就有可能設置更加合理的標準，制定更加有效的政策了。

這其中最主要的技術難題就在於大數據的分析，標準的制定，而這也同時是許多可穿戴式裝置公司或者資料分析公司的一大商業機會。無論如何，可穿戴式裝置的核心就在於大數據的搜集以及深度探勘，如果只是單純地搜集，沒有後續的分析、回饋，那麼這些資料也就沒什麼存在的價值和意義。

特別是將這些資料分析報告提供給相關的政府機構，將會為未來的城市建設帶來巨大的效益，無論是政策制定、藍圖規劃、民眾參與等各個方面，其精準度和效率都將得到有效地提升。

目前，也已經有企業開始著手這方面的探索。喬納森 - 蘭澤（Jonathan Lansey）是可穿戴式裝置高科技公司 Quanttus 的資料工程師，該公司正在研製的一款手錶可以測量和分析佩戴者的生命跡象（心率、血壓、體溫）在各種狀態下的反應，比如運動狀態、睡眠狀態，處在不同程度的空氣污染中，以及不同的天氣情況下。該公司還積極尋求與學術機構合作，希望為學術機構提供匯總資料。蘭澤說，Quanttus 公司打算把使用者資料提供給學者。學者可以利用這些資料，幫助改進一些研究課題，而政府在起草政策時，會以這些課題為依據。

「我認為，這會是我們為社會做出的一大貢獻；我們確實是在開創生意，但這裡面也存在一些利他主義因素，」Quanttus 公司產品管理副總裁史蒂夫 - 容曼（Steve Jungmann）說。除了提的資料，該公司還為各種研究工作開發設備。

智慧城市

2015 年 6 月份，Google CEO 拉裡 · 佩奇在 Google+ 上發帖稱，公司將創辦一家名為 SidewalkLabs 的城市創新公司，主要用來改善全球舒數十億人的生活。SidewalkLabs 的重點是開發新的產品、平台和合作關係，以便解決生活成本、交通效率、能源使用等多方面的問題。Google 的定位很清楚簡明，就是「人」，如何讓人在這個城市中獲得更輕鬆自在，不會整天擔心會堵車、沒停車位、吃飯要排很長的隊、空氣污染嚴重等等問題。那麼怎麼做到這個樣子？一個辦法，讓我們所在的城市變得越來越智慧。

IBM 將智慧城市定義為：可以充分利用所有今天可用的互聯化資訊，從而更好地理解和控制城市運營，並優化有限資源的使用情況的城市。未來科技會成為推動整個城市建設的中堅力量，反過來說，沒有科技，城市將變得寸步難行。作為最早為打造智慧城市提供解決方案的 IBM，已經為多個國家多個城市的交通提供了多項管理方案。

IBM 對發達和發展中國家 50 多個城市的調查研究結果表明，全球城市都面臨著各自獨特的交通問題，而斯德哥爾摩、新加坡、倫敦等國已在 IBM 智慧交通解決方案的幫助下，取得了顯著成效。瑞典的首都斯德哥爾摩每天都有超過 50 萬輛汽車在城市中穿梭。2005 年，這座城市的人們上下班花在路上的平均時間比上一年增加了 18%。之後，瑞典皇家學院開啟了跟 IBM 的合作，研發適合當地的智慧交通系統。統計資料顯示，斯德哥爾摩 2006 年開始試用智慧交通系統，到 2009 年實現交通堵塞降低 25%，交通排隊所需時間降低 50%，計程車的收入增長 10%，城市污染也下降了 15%，並且平均每天新增 4 萬名公共交通工具乘客。

一座城市有多智慧當然不僅僅是從交通來反映，交通是城市面上的東西，而裡子的東西更加離不開科技，同時這也是可穿戴式裝置發揮作用最適切的地方，比如醫療、教育領域等等。可穿戴式裝置不僅解放了使用者的雙手，更為重要的是，它重新定義了我們的生活方式。未來，隨著無所不在的行動網路接入可穿戴式裝置，你還可以隨時隨地實現遠端教育、遠端醫療、遠端辦理稅務等事宜。此外，物聯網的快速發展以及智慧城市的建設，未來資訊將更具開放與互動性，整座城市將可以被感知。當市政府透過專屬系統，將某個正在草擬的政策發送到你的可穿戴式裝置上，比如智慧手錶上徵求你的建議時，你將不自覺得參與進來。

對，你將參與這座城市的規劃、建設，將看見的問題、建議分享給同樣生活在這座城市裡的陌生人，而同時，你也可以隨時獲知每個方案目前的進展情況，而不再像如今這樣，需要透過某個部門，辦理種種證明手續，並且具備正當理由的情況下才能看到。

未來，每個問題的發佈者（用戶），問題的負責人（政府和相關部門），以及解決問題的執行者（相關部門、企業和社會團體）之間將透過一個統一的平台進行資訊的共用與有效互動。

未來城市的模樣是，所有城市管理都建立在一個龐大而完整的可觸摸空間內，城市管理者僅需拖曳與點擊即可完成各項設置，如果你看過電影《饑餓遊戲》，便能想像這是一個怎樣的場景。而你，無論需求是什麼，都能在短時間內快速獲取解決方案。

圖 15-3　電影《饑餓遊戲》中遊戲場地的控制中心

我們可以預期，未來的城市將會是基於智慧穿戴所建構的數位孿生城市，從更大的地球層面來看待，我們人類將基於智慧穿戴實現地球的數位化，從而迎來一個數位孿生地球，而這個數位孿生地球就是當前所描繪與構想的元宇宙時代。在元宇宙時代中，虛擬與現實的雙重世界將不再獨立，而是基於智慧穿戴與星鏈通訊技術形成一個無縫的互聯互通互動的新形態。

而要建構這樣的一個元宇宙時代，要建構這樣的一個數位孿生地球，一切的基礎就在於可穿戴式裝置，在於智慧穿戴產業的發展與普及。